ゲーム作りの発想法と企画書の作り方

ゲーム業界で活躍する現役クリエイターが明かす
独自のアイデア発想法と企画書の作り方。
ゲームデザイナー・プランナー・シナリオライターを目指すなら必読！

畑 大典 編著

総合科学出版

はじめに

　よく、「ゲーム作りのための発想法はありますか？」と、訊ねられます。
いろいろな場面や場所でです。

　そのような質問を受けると、ゲームクリエイター、特に発想が必要なプラ
ンナーやゲームデザイナーになりたい人が増えてきているのだな、と痛感し
ます。

　『発想法』というのは、アイデア出しに困ったときの最終奥義というイメー
ジがありますが、それだけではなくて、最初の「発想のつかみ」を得るため
に使用するものでもあります。
　用途は様々です。ただ、たくさん知っておくにこしたことはないと思いま
す。アイデア出しの引き出しが増えますし、知っていると便利です。

　アイデアが出ない。そもそも、アイデア出しのきっかけすらつかめない。
発想のヒントが欲しい。そういう読者には、ピッタリな本だと思います。

　さて、本書の「ゲーム作りの発想法」ですが、ゲームだけではなくて、ほ
かのエンターテインメントの分野やビジネスにも応用することが可能です。
お得です。

せっかくそのような「ゲーム作りの発想法と伝わる企画書」というテーマで本を書くならば、現場で活躍している魅力的なゲームクリエイターの生の声を集めて届けようと思いました。そのような本は意外と少ないのです。

そのために、交渉して、様々な経歴のゲームクリエイター（特に、企画・シナリオ・ディレクション・プロデュース担当）を集めてきました。

しかも、右を向けといえば左を向いてしまうような、とがった発想を行う異端者ばかり（語弊があるかもしれませんが）をです。

もしかしたら、著者陣の関わったゲームタイトルをプレイしたり、聞いたことがある読者もいるかもしれません。

そして、著者陣をご存じなら「個性的で、オリジナリティーのある、自分を持った発想や企画・設定のゲームが多いな」と理解してくれると思います。

「どのような発想でゲームを作っているのだろう？」

そう思われる方も多いかと思います。その答えが、本書には載っています。

また、本書の話になりますが、個性的で独自性のある豪華なクリエイター

陣による「Q & A」のコーナーもあります。その点は本書の売りの1つであり、とても貴重だと自負しています。

　その「Q & A」のコーナーには、たくさんのゲームクリエイターの企画を考えるときの手順や発想法、ゲームクリエイターになった経緯など、ゲーム業界を目指す方にとても役立つと思われる情報が多数書かれています。また、ゲーム史という観点からみても、とても貴重な資料になると思います。

　本書のためだけに、複数のゲームクリエイターの生の声と、積み重ねてきた経験や研究が載っているのです。そこだけでも読む価値があります。

　そして、それらを加味して、あなた独自の方法で応用してみてください。

　さて、前置きが長くなってしまいましたが、裏技的な「ゲーム作りの発想法と伝わる企画書の書き方」が載っている本書を、ぜひお楽しみください。

CONTENTS

 ACT. **1**

ゲームクリエイターとしての
アイデア発想法

畑 大典

ゲームの発想方法と発想に潜む罠の解決法

鶴田道孝

ゲーム企画の発想法

利波創造

30 年前の新人プランナーから貴方へ

長山 豊

ACT.5

経歴ゼロからの
ゲームシナリオライター挑戦術

佐野一馬

ACT.6

NO GAME, NO LIFE
─ 人生のすべてが企画のネタになる ─

大和 環

ACT.7

ゲーム制作という《航海》に出航する

門 司

 ACT.8

ゲームクリエイターズ・インタビュー

Game Creator's Interview

❶ 時田貴司 （ときたたかし） ……………………………………… 224

Q1. 企画を考えるときは、どういう手順で行いますか？ 発想法などはありますか？

Q2. ゲームクリエイターになったのはどうしてですか？ 過程も教えてください？

Q3. シナリオを書かれるうえで気を付けていることはありますか？

Q4. 影響を受けた作品（ゲーム、映画、小説、音楽、舞台、TV、ラジオなど）や、好きで模写した作品はありますか？

Q5. 自分が作ってきたゲームで、キャラクター作り、ストーリー作りに関して、気を付けたことを教えてください。

Q6. 今だから言える、何か参考に観たほうがより楽しめる作品はありますか？

❺ 牧山昌弘（まきやままさひろ）・・・ **241**

Q1. 企画を考えるときは、どういう手順で行いますか？ 発想法などはありますか？

Q2. ゲームクリエイターになったのはどうしてですか？ 過程も教えてください？

Q3. シナリオを書かれるうえで気を付けていることはありますか？

Q4. 影響を受けた作品（ゲーム、映画、小説、音楽、舞台、TV、ラジオなど）や、好きで模写した作品はありますか？

Q5. 自分が作ってきたゲームで、キャラクター作り、ストーリー作りに関して、気を付けたことを教えてください。

*　　*　　*

❻ HIRO（ひろ）・・ **246**

Q1. 企画を考えるときは、どういう手順で行いますか？ 発想法などはありますか？

Q2. ゲームクリエイターになったのはどうしてですか？ 過程も教えてください？

Q3. シナリオを書かれるうえで気を付けていることはありますか？

Q4. 影響を受けた作品（ゲーム、映画、小説、音楽、舞台、TV、ラジオなど）や、好きで模写した作品はありますか？

Q5. 自分が作ってきたゲームで、キャラクター作り、ストーリー作りに関して、気を付けたことを教えてください。

Q6. 今だから言える、何か参考に観たほうがより楽しめる作品はありますか？

*　　*　　*

❼ 和泉万夜（いずみばんや）・・ **249**

Q1. 企画を考えるときは、どういう手順で行いますか？ 発想法などはありますか？

Q2. ゲームクリエイターになったのはどうしてですか？ 過程も教えてください？

Q3. シナリオを書かれるうえで気を付けていることはありますか？

Q4. 影響を受けた作品（ゲーム、映画、小説、音楽、舞台、TV、ラジオなど）や、好きで模写した作品はありますか？

Q5. 自分が作ってきたゲームで、キャラクター作り、ストーリー作りに関して、気を付けたことを教えてください。

*　　　　*　　　　*

ACT. 1

ゲームクリエイターとしての アイデア発想法

PROFILE

畑 大典

◎著者／ハタ タイテン：ゲームの企画・シナリオライター。コンシューマー系多数。関わったゲームは『魔法学園デュナミス・ヘブン』『もえスタ 〜萌える東大英語塾〜』『降魔霊符伝イヅナ』『ワールドチェイン』『アトリエオンライン 〜ブレセイルの錬金術士〜』『狼ゲーム』『メイド嗜好』など。

企画書とは、ゲーム制作においての羅針盤（コンパス）のようなもので、ゲームを作るときの指針になるものです。

畑 大典

私は『YU-NO』の"有馬たくや"だった

とても影響を受けたゲームがあります。『この世の果てで恋を唄う少女YU-NO』（以下、『YU-NO』）というゲームです。このゲームの中で、【有馬たくや】という主人公の世界を疑似体験して感動し、自分でもいつか「ゲーム」を作りたいなと思いました。

『YU-NO』には、「**A.D.M.S（Auto Diverge Mapping System（オート分岐マッピング・システム）」**という独自のゲームシステムが取り込まれていて、「映画でも小説でも漫画でもない、ゲームでしかできない表現」を、ディレクターである菅野ひろゆきさんは目指していました。

1990年代は、そのような「ゲームでしかできない表現」を目指した、ライブ感覚といいますか、実験的な作品が多数発表されていました。

たとえば、『リアルサウンド』という音声しかない、もはやドラマCDなのかゲームなのかわからない作品とか、『ぷよぷよ通』という「シュールなお笑い」と「奇妙な可愛さ」が融合した個性豊かなゲームとか、『アクアノートの休日』という海洋を探索するというユニークな発想のゲームや、『I.Q』といった、悪夢の中の世界のようなゲームなど、ジャンルにとらわれない実験的なゲームがたくさん世の中に出ていました。

さて、話は移りますが、主題（タイトル）にあるように、私は、『YU-NO』

の有馬たくやみたいな少年でした（さすがに、女子をクンカクンカみたいなことはしませんでしたが）。

　中学は、地元の進学校に進学しました。たくやが通っていた学校のようにエスカレータ式で大学までというわけではありませんでしたが、国立大学の附属中学校だったので、実験的な教育が行われたりしていました。その中学は、自宅から遠方であり、宿題も多く、学校に行くのがだんだんと億劫になり、私は不登校になってしまいました。

　現代では、フリースクールなど、制度が整った居場所がありますが、当時はそういう場所は少なかったです。家に篭って、ゲームばかりプレイしていました。あと好きなのは「お笑い番組」でした。

　そして月日は流れ、なんとか、内心点や出席率が極端に少ないという壁を乗り越え、私立の高校に入学し、その当時、『YU-NO』をプレイしました。主人公の有馬たくやは、劣等性（しかし、入学した当時は特に歴史の点数が高く優等生だった）で、学校も不登校気味ということもあり、たくやを身近な存在として感じられました。

　私が通っていた高校は、偏差値という物差しで見ると高くなく、わりと自由な校風でした。そして、街なかにある、地元の中では都会の学校でした。そういう面では、恵まれていましたし、遊ぶことに関しては有意義に過ごすことができました。学校帰りに、友達とラーメン屋に行ったり、たい焼き（地元では、ムツゴロウ焼き、蜂楽饅頭も）を食べたり、喫茶店に行ったりしました。

　しかしながら、大人や社会に対する不満が強く、私は、一匹狼でいることも多く、まるで尾崎豊や『ライ麦畑でつかまえて』の主人公のようでもありました。そういった点でも、たくやに似ていたのかもしれません。

　それから、『YU-NO』をプレイしたことで、本を多く読むようになりました。

SF やミステリーやファンタジーが多かったです。日本の作品から海外の作品まで、古典の名作と呼ばれる作品を中心に読みました。

　たとえば、コナン・ドイル、アガサ・クリスティ、ハインライン、レイ・ブラッドベリ、江戸川乱歩、赤川次郎、森博嗣、京極夏彦、小松左京、星新一、筒井康隆、森岡浩之、高畑京一郎、上遠野浩平などの小説を読みました。それから『タモリ倶楽部』に出てくるような方々、みうらじゅん、大槻ケンヂ、久住昌之といったような、サブカルチャーの世界にのめり込むようになっていきました。そして、高校を卒業する頃には、図書貸し出し数 1 位で表彰されました。

　映画や音楽や漫画や TV ドラマにもたくさん触れました。その後、大学院まで進学することになるのですが、この頃インプットしたことが、現在、物作りをする制作の糧になっています。

『降魔霊符伝イヅナ』は現代へのメッセージだった！

　ニンテンドー DS で発売された『降魔霊符伝イヅナ』（以下、『イヅナ』）というゲームがあります。まず、テーマとして考えられたのは「**社会へ対するメッセージ**」でした。

　作品というものには、現代社会の姿を映し出していることが多いです。『イヅナ』が制作された 2000 年前半は、「リストラ」という言葉がメディアに多く飛び交いました。そのため、時代設定としては、現代ではなく忍者がいた時代にし、城主が「いまどき忍なんて流行らないモノ、わしの城には必要ない。リストラじゃ、リストラしてしまえっ！」といったことで、忍者である主人公のイヅナが、まずはリストラされて職を失ってしまうという設定になりました。「無職忍者」の誕生です。

　しかしながら、そのような設定だと暗くなってしまいすぎると思い、イヅ

ナの性格は楽観的で明るくしようと考えました。キャラクター設定は大事です。魅力的なキャラクターを作ろうと思いました。そして、イヅナだけでは寂しいので、シノというしっかり者のお姉さんがいる設定になりました。

　これによって、コンビで、ボケとツッコミというかたちで物語にメリハリができ、なおかつ、性格につり合いが取れるようになりました。

　『イヅナ』自体は、オーソドックスな、ダンジョンに潜っていく「ローグライク」タイプのゲームです。ただ、既存のローグライクタイプのゲームと違った点は、「敵に負けてしまってもレベルがそのまま」「ファンタジーではなくて日本風」というシステムと世界観です。

　そのような発想から、『イヅナ』は生まれました。

雑学ゲームから始まった『もえスタ』

　こちらもニンテンドー DS で発売された『もえスタ ～萌える東大英語塾～』（以下、『もえスタ』）ですが、初めにあった発想は、英語ではなく、**「雑学のようなモノを学べるゲーム」**でした。

　初めからゲーム化有りの企画で、『もえスタ』という雑誌内の小説から、ゲームへと変貌をとげました。登場人物も、初期設定は、主人公の名前が「黒石虎」。ヒロインの名前が「花夢若菜」。3 人の女神の名前は、「いろは」「グラマー」「ピタゴラ」という名前でした。

　それが製品版では、主人公は「真誘はじめ（まなびはじめ）」。ヒロインは変わらず「花夢若菜」。女神は 4 人に増えて、「グラマー」「ワード」「イディオム」「カンバ」となりました。

　私は、企画・小説の作成に主に携わりました。

　ゲームのコンセプトとしては、「女の子と恋愛を楽しみながら、本格的な英語の勉強ができる学習ソフトで、東大受験にも対応が可能で、ハイレベル

な問題にも挑戦できる」というものでした。

　今回、特別に小説版の『もえスタ』を掲載したいと思います。『もえスタ
〜萌える東大英語塾〜』のプロトタイプの物語をお楽しみください。

　　春のやさしい陽射しが、斜め上の四角い窓から、白いベッドに向かっ
て降りそそいでいた。黒石虎は、眩しそうに目を細め、まだ夢の中に浸
っていたいとでもいうように、寝返りをうった。それからしばらくして、
けたたましい金属音が部屋中に鳴り響いた。虎は、蒲団を目深にかぶり、
その音がきこえないふりをした。次の瞬間、ガバッと勢いよく毛布と蒲
団がはがされ、急に寒くなった。

　「コラッ、早く起きなさいよっ！」

　真新しい紺のセーラー服を着た花夢若菜が、虎の顔を覗きこみながら
怒鳴った。整えられた眉の端がつり上げられ、桜色の唇はツンと尖って
いる。

　虎は、眠たい目をパジャマの袖でこすりながらゆっくりとベッドから
起き上がると、大きなあくびを1つして、「おはよう、若菜。別の部分は、
さっきから起きてたよ。目覚まし時計、止めてくれるとうれしいな」と、
涙を手の甲で拭いながらいった。

　次の瞬間、パコッという軽快な音と同時に、頭に小さな痛みが閃った。

　「下品。私は、アンタのメイドじゃないんだからねっ。冗談は週末の連休
にでも、休み休み、いってちょうだい！」

　若菜は、腰まで伸びたつややかな黒髪をかき上げ、細長い腕を腰にあ
てた。

　「いったいなあ。日本男児を、グーで叩いたりしちゃいけないだろ！」

　虎は怒鳴る。

　また、パコッという軽快な音と同時に、頭に痛みが閃った。

　「……1回、死んどく？ 今度はパーで叩いたわ。早く、目覚ましを止め

てきてよ。その間、まってあげるから」

といってそっぽを向いた。

恐れをなした虎は、ゆっくりと歩きだし、目覚まし時計のスイッチを切りに行った。そして、虎が目覚まし時計のスイッチを切った瞬間、若菜が窓を横にスライドさせた。

勢いよく、突風が部屋の中に入り込んでくる。その瞬間、風の悪戯で若菜のスカートがもち上がり、青と白のストライプのショーツが見えた。

「今、見たでしょ？」

若菜が膝をかたく閉じ、紺色のスカートを両手でおさえながら虎を睨む。恥ずかしいのか、若菜の頬が赤く染まっている。

「スケベ、チカン、変態、この、ちゃんねらー！」

若菜が本棚の漫画や、机の上においてあるフィギアやプラモデルを次々と虎に向かって投げ付けながら言う。

もしも、これらを避けたら壁に激突して壊れてしまうだろう。虎は、普段の運動能力をはるかに凌駕するスピードで、次々とフィギアやプラモデルやラジコンをキャッチしていく。

「わ、悪かったから、そのササビーだけは投げないでよ。それは、２カ月かかって完成させたんだから！」

悲鳴に近い声で叫ぶ。

「ダ・メ」

若菜は白くて長い足を高く上げ、大きく振りかぶると、大リーグボール投法でササビーを投げた。

すると、ササビーのプラモデルはボォッと赤い炎を上げ、まるで『逆襲のシャア』のワンシーンのように、彗星のごとく尾を引きながら虎に向かって一直線に進み、そして命中した。その衝撃で、虎が死守していた全ての物が壁にぶつかり粉砕してしまった。

「ああ、ぼ、僕の宝物が……」

　虎はフローリングの床にがっくりと膝をつき、まるで甲子園の土でもすくうかのように、残骸をそっと手の平にのせ、涙を流した。

＊　＊　＊

　神社の境内は強く冷たい風が吹いている。放課後、合格祈願に来た虎は、小石が敷きつめられた地面を、歩いて行き、お賽銭箱の前で止まった。

　不意に見上げると、上空は仄かに橙色に染まっていた。

　そして、お賽銭箱の前に立った虎は、財布から、なけなしの500円玉を1枚とりだして放り投げた。そして、パンパンと手を合わせ、目をつむる。

　「どうか、神様、若菜の志望校である東大に、僕も合格することができますように……」

　言い終えてからそっと目を開ける。

　それから、合格祈願をおえた虎が振り返ると、目の前に、白と朱の巫女装束を身に纏ったスレンダーな女性が立っていた。

　（やさしそうな人だな）

　女性の眉がなだらかな弧を描いており、虎は、そう思った。女性は、頭を深々と下げておじぎをすると、ニコリと微笑み、

　「パンパカパーン！ おめでとうございま〜す。当、神社の、記念すべき1万人目の参拝者はあなた様でした。記念に、あなた様の願いを、叶えてさしあげましょう」

　と明るい声で言った。

　「え、ぼ、僕、1万人目だったの!? ラッキー。でも、東大に僕を合格させてくれるなんて、そんなことができるの？」

　自分の顔を指差して虎がいう。

　「もちろんですわ。実は、私、天使なんですの。名前は、いろはと申します。ふつつか者ですが、どうぞ、よろしくお願い致します」

　と、やさしく微笑みながら虎に名刺を手渡した。

「特級天使、いろは……。これは、ご丁寧に。僕は、黒石虎といいます。あ、わかった。これって、もしかして、ドッキリテレビ?」

「違いますわ。現実です」両手を横にまっすぐ広げていう。

(本当に、この人は天使なんじゃないか)

最初は訝しんでいた虎だったが、いろはの澄んだ目を見ていると、そう思えてきた。

「私は、トラ様が東大合格するためのお手伝いをさせていただきますわ。家庭教師になってさしあげます」

いろはがパチッとウインクする。

「わーい。って……、家庭教師ってことは、僕の家にくるってこと?」

虎は驚く。

「トラ様が東大に合格するまで、同棲……じゃなかった。同居させていただきます」

そういうと、いろはは、厳かな声で呪文のような言葉をつぶやく。すると、いろはの手がパァッと、激しく輝きだす。それから、いろはが手をそっとあけると、中から黒縁の四角いメガネが現れた。

そして、いろははそのメガネをゆっくりと装着し、

「とりあえず、このIQスカウターで、現状の、トラ様のIQを計測させていただきますわね」

といった。

次の瞬間、いろはの目が大きく見開かれた。

「こ、これは!? 私の力だけでは心もとないですわね。グラマーとピタゴラも呼ばないといけないわ」

両手で口をおさえる。

いろはは、手品のように何もない空間から取り出した竹箒の柄で、白い砂の地面に幾何学形を描いた。大きな円の中にいくつもの三角形を重ねていくというものだった。そして歌うようにつぶやくと、地面に描か

れた幾何学形が金色に輝きだし、円の中心から、白い煙とともに2人の女性が現れた。

「お姉さまぁ、きゅうによびだしてどうしたの?」

巫女装束を着た小学校高学年ぐらいの背の低い、色白の美少女が、いろはをジッと見ながら舌足らずな声でいう。ツインテールの髪が淡くゆれる。

「何よ突然……。いい男でもいたのかしら? あら……まあまあね」

ロングヘアーの、腰がきゅっと締まったスタイルのよい美しい女性は、巫女装束の上から大きくふくらんだ胸の前で両手を組むと、虎を見つめながらハスキーな声で言った。

『痕』『OEN ～輝く季節へ～』から学ぶ「永遠の世界」がよくわかる企画書の書き方

企画書とは、ゲーム制作においての**羅針盤(コンパス)**のようなもので、ゲームを作るときの**指針**になるものです。

また、制作メンバーに対して、自分(企画者)がどのようなゲームが作りたいのかを伝えるための文書です。

企画書の書き方ですが、ゲームや人にもよりますが、ノベルゲームの場合ですと、「タイトル」「テーマ」「ストーリー(あらすじ)」「登場キャラクター」「舞台」「システム」「ゲームの流れ」「フローチャート」などが書かれたものです(フローチャートはない場合もあります)。

企画書は、A4用紙数枚(1～5枚)程度で構いません。一般的にいい企画書は、**「要点を伝え」「見やすくて」「わかりやすく」**という**三原則**を兼ね備えています。

ゲーム会社によっては「フォーマット(形式)」が決まっていることがあ

ります。当然ながら、その場合はそれに沿って書きましょう。

　企画書を書く前に、**「キーワード出し」**や**「アイデアメモ（構成メモ）」**作りなどから始めるのもいいかもしれません。

　参考作品として、『痕』というゲームを例にしますと、テーマは「家族の絆」です。そのため、仮タイトルは「絆」だったそうです。

　システムですが、それまではコンシューマ（家庭用ゲーム機）ではおなじみだった「ノベルゲーム」（代表的なゲームに『弟切草』や『かまいたちの夜』などがある）というシステムを用いてゲームを作ろうと思ったことが発想のきっかけです。

　文章を前面に押し出すというシステムは、ADV（アドベンチャー）が主流だったアダルトゲームの分野では、まだなかった（前作の『雫』ぐらい）ので、やってしまおうということだったそうです。

　それまでの主なノベルゲームの人物は影絵で描かれていて、あくまでも文章がメインでしたが、『雫』ではキャラクターの絵（立ち絵）に色を付けてこだわり、「ビジュアルノベルゲーム」というジャンルが生まれました。

　そして、『痕』は、前作の『雫』よりも、エンターテインメントっぽさを意識し、マルチストーリーにしようというコンセプトで作られました。

　『雫』が学園モノだったので、『痕』では、町１つを舞台にしようということに決まったそうです。

　本書の読者の１つのヒントになればと思って書きますが、『痕』の企画者は、キャラクターの１人である、柏木楓の「鬼の娘 VS 侍」という伝奇を描いたときに「前世からの想い」というテーマが浮かんだそうです。あとは、楓の場合ですと「一見冷たい瞳」「おかっぱ頭」「セーラー服」といったキーワードがあります。

　さて、『ONE 〜輝く季節へ〜』（以下、『ONE』）ですが、主題（タイトル）の『ONE』には、「たった一つの大切なもの」という意味がこめられています。そのように、「テーマ」が大切なゲームでした。また、当時としては珍しく、障がい者のヒロインが登場します。

　物語は、里村茜に関しましては、「さようなら、本当に好きだった人……」というラストシーンから考えられています。このような手法を「帰納法」といいいます。

　そして、『ONE』にとって重要なのが、「永遠の世界」という、主人公の中のもうひとつの世界ですが、これは、村上春樹の小説の『世界の終りとハードボイルド・ワンダーランド』などの影響があったと考察します。これは、ファンタジーといいますか、幻想小説に近いと思います。そのような要素が、『ONE』が、ユーザーから、哲学的とか、実験的とかいう感想をいただく要因になったと思われます。

　次に、『ONE』の企画書の書き方ですが、とてもシンプルです。イラストや図表もありません。

　フォーマットとしましては、項目は、「**企画コンセプト**」「**ストーリー**」「**内容**」「**テーマ**」「**セールスポイント**」「**キャラクター紹介**」です。

　ビジュアルノベルゲームを作る際は、ぜひ、参考にされて作ってみてください。

星新一的発想法

　星新一という小説家がいます。日本の「ショートショート」という分野を開拓した第一人者で、1000編以上を書いています。ショートショートの神様と呼ばれていて、SF界の重鎮でもありました。

　では、どこに、そのような本数のショートショートを書く発想法があったのでしょうか。そのヒントですが、星新一のエッセイ集の『きまぐれ博物誌』

の中に書かれています。

その発想法とは、**「KJ 法」** に近いものです。

まず、思い付いた言葉をカードに書いていきます。例えば、「セミ」「コロッケ」「殺し合い」などです。次に、そのカードを机の上に置き、よくかき混ぜます。そのカードの中から、無作為に２つのカードを取り出します。そして、「この２つの言葉を結び付ける物語」ができないかを考え続けます。

ルールとしましては、二番煎じはやらないということです。

この、星新一的発想法は、ゲームを作るときのアイデア出しのヒントになると思います。

KJ 法

「KJ」法とは、文化人類学者の川喜田二郎氏（元・筑波大学教授）が考案した発想法です。発案者の名前のイニシャルをとって、KJ 法と名付けられているいます。

内容は、ブレーンストーミングなどで思いついたことを複数のカードに記入し、類似のカードについて、グループわけとタイトル付けを行い、グループ間の関連性を見出し、発想や意見や情報の集約化、統合化を行う手法のことです。この、ブレーンストーミングと KJ 法は、ゲームを作るときの発想法としてよく使われることがあります。

テーマとファッションは作家性の奥深さ

ゲームデザイナーの蛭田昌人氏自体が、いつも洒落たスーツをビシッと着てキメて（そういえば、ゲームデザイナーの飯野賢治氏もヴェルサーチのスーツを着用するなど、ファッションにも凝っていました）いましたし、そのよ

うな美術のセンスがあったのだと思われます（それだけではなく、名作の映画や小説などのエンターテインメントに触れていたからだと思われます）。

『EVE burst error』は、美術にも凝っていました。小物でキャラクターの性格を表していたのです。

例えば、キャラクターが吸っている煙草。

桂木探偵事務所所長の桂木弥生が吸っている煙草の銘柄は「バージニア・スリム」。主人公の１人・小次郎曰く、「口の中は、ばーじにあすりむ色」とのことでした。弥生は、寂しがり屋な面があり、煙草に依存している様子がキャラクター性と一致しています。

ほかに、桂木源三郎は、葉巻を吸っています。弥生もそうですが、容姿や性格と合っていますね。

あとは、愛用の拳銃でもキャラクターを差別化しています。小次郎の拳銃は「グロック 22 カスタマイズ」。まりなの拳銃は「ベレッタ M1919」です。源三郎は「スコッチウイスキー」しか飲まないなど拘り（こだわり）を持っています。

そのような、小物のセッティングが、絶妙な、キャラクターの性格付けをしているのです。というように、美術も大事です。

テーマとファッションは、作家性の奥深さを表すのかもしれません。

ゲームシステムとストーリー（物語）の融合

ゲームデザイナーの菅野ひろゆき氏は、[A.D.M.S]（アダムス）という新たなマルチシステムを発案しました。それは「Auto Diverge Mapping System」の略で、直訳すると、「自動分岐マッピング機能」となります。従来のいわゆるマルチストーリー型のゲームでは、ストーリーの分岐点がわか

りにくかったと思います。

　これはこれで分岐点を探す楽しみというのもありましょうが、同時に繰り返し同じシーンを見なければならない場合もあり、ときには煩わしいもある試行錯誤を、何度も繰り返さなくてはなりませんでした。そういった点を解消するため、この [A.D.M.S] が生まれたのです。

　プレイヤーが起こす行動や判断により、ストーリーは多種多様に分岐し、生み出されていきます。その分岐状況を目で見るマップでツリー表示し、分岐点が近づくとチャイム（効果音）も鳴り、目と耳でプレイヤーは状況を把握することができるのです。マップ上の自分の位置を確認しながら、いろいろなアイテムや情報を集め、様々な分岐世界を行き交う……これが [A.D.M.S] です。

　シナリオとシステムは、菅野さんの場合、表裏一体なのです。

　あるきっかけから、システムはこう、シナリオはこうと、論理の将棋倒しが起こり、ゲームデザインが確立していくそうです。

　ダンジョン型 RPG などでは、今でこそオートマッピング機能というのは当たり前の感がありますが、テープ時代の古いゲームユーザーは、当時のRPG といえば、方眼紙に手動マッピングというのが基本で、むしろそれが醍醐味の 1 つだったわけです。ですが、時代が移り変わって、ゲーム市場がそういった一部のコアユーザーだけのものではなくなり、よりプレイアビリティの向上がニーズとして上がってきました。「オートマッピング」なんてそのいい例だと思います。

　マルチストーリー型のゲームといったら、「ゲームブック」あたりがブームの火付け役になったのかもしれません。

　その後、これをコンシューマ機上で巧く表現したチュンソフトのサウンドノベルがマルチの代名詞にもなって、『弟切草』なんていうゲームもありました。ただ、このシステムの持つ奥行きや広がり、可能性というものに菅野

さんは期待する部分も多かった反面、同系列の模倣ソフトが大量に出回っていて食傷気味にもなっていました。

　何かもっと新しいものはないかなと、そのときから漠然と菅野さんは思っていました。菅野さんは、マルチストーリー型ゲームをプレイするときは、選択肢や行動をメモにとっておいて、次はこの行動、次はこれ、という感じに何度も同じことをやらないよう攻略していきました。ただ、これがまた面倒くさいと、菅野さんは思ったそうです。

　昔からのゲームユーザーであれば、「いやこれが面白いんじゃないか」という人もいるでしょうが、もはやそういう感性じゃなかったということでした。

　「人間が面倒と思う部分を機械にやらせるのが工学の基本発想」で、こんなことはコンピュータにやらせればいいじゃないかと、そのとき菅野さんは思いました。

　「だいたいのRPGにあるオートマッピングが、なぜこのジャンル（AVG）にはないんだよう」というオヤジ臭い発想が、きっかけといえばきっかけだったそうです。

　それから、ただマッピング機能を盛り込むだけじゃつまらない。ので、どうしようと考えていたときに、常々考えていた「神の視点への疑問」というのが、ふと、菅野さんの頭をよぎりました。

　それは、「RPGなどのマッピングは誰が行っているんだろう」という疑問でした。RPGというのは直訳すれば「役割を演じる」ということで、ゲーム中のプレイヤーは主人公そのものであるわけです。であれば、「あのマップはゲーム中の主人公が作成しているのかな？」でもそんなそぶりはまったくないし、「あれおかしいぞ」と、思ったそうです。

　プレイヤーは神の視点でゲームを見ている部分が、少なからずあります。

例え「ロールプレイング」を標榜していてもです。

　これらはみんな、ゲーム上のお約束のことです。プレイヤーはアプリオリ（先験的に）に納得しています。それに対してで、菅野さん一家言ありました。そこで「並列世界」という設定を思い付いたそうです。

　従来のマルチでいうストーリーの分岐は、異なる世界への分岐であるという発想が思い浮かび、主人公は「リフレクター・デバイス」と呼ばれる並列世界探索装置を持っていて、これには自分の現在位置を確認できる機能がある。そうして、自分の位置をマップ上で確認しながら様々な分岐世界をさまようというアイデアが生まれました。

　しかしながら、ただ並列世界をさまようだけじゃ、まだつまらないなと菅野さんは思ったそうです。生み出された分岐世界の１つ１つに意味がなくては面白くないと思ったのです。それぞれの世界には、異なった情報やアイテムがあり、それらが別の分岐世界で役立つというほうが、よりロールプレイングに近づくんじゃないかと思ったそうです。

　以前、菅野さんは、１つの物語を別々の角度（複数の主人公視点）から見るという、いわば舞台裏秘話的なシステム（『DESIRE』や『EVE』などで使用されたマルチサイトシステム）を考案しました。で、このシステムも応用できるぞと考えたのです。

　例えばゲーム中、落雷というイベントが起きたとします。その場に主人公がいれば、当然その落雷を目の当たりにします。しかし、落雷現場に行かなければ「さっき落雷があったよ」と人づてに聞いたりするんです。こうして主人公の行動や選択により、ちょっとずつ世界が移り変わっていきます。ですからラストのほうなんて、まったく違う世界がいくつも発生しているんです。

　ほんの少し打つ方向を変えただけで、200ヤード先のボールの位置が、何十ヤードもずれたりするゴルフのようなものです。

　様々な並列世界を巡っていくうちに、少しずつ、背後に隠された巨大な真実が明らかにされていく、そんな風に菅野さんは、ゲームデザインを設計し

ました。こうして現在の [A.D.M.S] のひな型ができあがりました。

菅野さんは、制限についてこう語っています。

『YU-NO』という作品は、もとが 18 禁指定のゲームでしたので、いわゆる「大人向けのシーン描写」も含めて、表現の自由度はかなり高い作品でした。年齢制限という枠を否定的に受け止める方もいらっしゃるようですが、むしろこれで表現の幅が広がっていくと、肯定的にとらえてください。

パソコン版では、そのハードウェアの制約上、演出の幅が広いというわけではありませんでした。プラットフォームに応じた表現方法を模索していき、様々な演出を考えていきたいと思っています。

『YU-NO』という作品は、「ゲームとしての楽しさ」をたっぷりと盛り込んだ意欲作になったと思います。プレイヤーはゲーム中の主人公と一体となり、とった行動や選択により様々な並列世界へと分岐していきます。一見同じに見える世界でも、それは別の世界かもしれません。「普段と変わらない友人さえ、違う人間なのかもしれない」のです。様々な情報やアイテムを集め、数々の謎を解き、本来自分のいるべき世界を探し出してください。

（雑誌『セガサターンマガジン』に掲載されたインタビュー記事を許可を得て一部引用しています）

「展開法」と「帰納法」

　ゲームシナリオとは、小説や映画や演劇とも相違する（共通点はありますが）、「ゲームのストーリーのもとになるテキスト」のことです。

　そして、ゲームシナリオに書き方はないですが、形式は存在します（今後、変わっていく可能性はありますが）。

　それはさておき、テーマは見つかったけど、ストーリーの作り方がわからない。そういった方もいるでしょう。

　そういった方のために、「展開法」という手法があります。展開法とは、初めに設定をきちんと決めておいて、そのあとの話を展開していく（シーケンシャルに書く）という物語の作り方です。

　逆に、最後（結末）から決めておいて、話を作っていくという「帰納法」という手法もあります。

　それは、例えば『ONE 〜輝く季節へ〜』で言えば、「里村茜という高校生の少女が、平日の朝にもかかわらず、雨の日は毎日、空き地で傘をさして立っている」というようなものでも構いません。

　そこから話をふくらませて（なぜ、茜が空き地に立っているのかというと、雨の日に、恋人がその空き地で消えてしまったからなど）、物語に発展させていけばよいのです。

　ゲームシナリオに書き方はありません（これは、ゲーム作家の米光一成さんが『ゲームシナリオを書こう！』（青弓社）のなかで書かれています）。

　自転車の乗り方を教えてくださいと言っても、感覚的なことなので、言葉や文章で説明するのは難しいようです（練習は必要ですが）。コツに頼る

のは衰退であるとも言っています（自分でコツを見つけなさいと）。もちろん、国語レベルの知識や、ルール（約束事）はあります。ですが、ゲームは若い人もプレイする先端のソフトウェア（近年では、ソフトでもなくなってきた）です。刻一刻と進化していきます。ですので、ゲームシナリオの書き方は自由度が高く、日々、変化していっています。

　また、アプリオリ（先験的）に感覚で書いている人もいるでしょう。しかしながら、ゲームに歴史が出ることで研究され、テクニックやコツも蓄積されています。

　まずはいろんなゲームをプレイして、自分でゲームシナリオを書いてみることが大事です。そこから始まります。

　参考として、以下に『ONE 〜輝く季節へ〜』（ネクストン）の一部のシーン（場面）のテキストを書かせていただきます。

里村が教室を出て、そのすぐ後ろに並んでオレも廊下へ。

浩平　「…念のために確認するが」
浩平　「また、あの場所で食べるのか？」
茜　　「…はい」
浩平　「そうか…」
浩平　「いつも思うことがあるんだが…」
茜　　「…はい」
浩平　「オレたち、何やってんだろな…」
茜　　「……」
浩平　「あの場所にいったい何があるんだ…？」
茜　　「…空き地のこと？」
浩平　「ああ」

茜　「思い出の場所です」

浩平　「……」

茜　「……」

浩平　「それで?」

茜　「それだけです」

上履きをロッカーにしまって、ぱたんと扉を閉める。

茜　「行かないの?」

浩平　「…あ、ああ、行くぞ」

先に昇降口をあとにする里村についで、オレも靴を履き替え、昇降口の
ドアをくぐる。

浩平　「うっ…」

外の空気に触れた瞬間、そのあまりの冷たさに声が漏れる。

茜　「……」

それは里村にしてみても同じらしく、上着の前をしっかり合わせて、自
分の体を抱きしめるように震えていた。

　ゲームシナリオは、上記のテキスト（台詞や描写など）に対して、立ち絵
や背景などの指示が付きます（付かないこともあります）。
　そして、それは、脈動して（変化し、動いて）いきます。

　ですので、そういった、「グラフィック」をイメージしながら書いたり、
演出を考えたりしながら、ゲームシナリオを書いていきます。

　ほかに、シナリオの中に選択肢が入る場合もあります。そういったギミックを考えることもゲームシナリオライターの役割です（選択肢がないゲームもありますが）。

ACT. 2

ゲームの発想方法と発想に潜む罠の解決法

鶴田道孝

PROFILE

◎著者／ツルタ ミチタカ：テクモ退社後、主にフリーの
ゲームデザイナーとして活動。作成したゲームは、『ソロ
モンの鍵』『つっぱり大相撲』『キャプテン翼』『ネクロス
の要塞』『キャプテン翼2』『ピットマン』『ソロモンの鍵2』
『ウイリーウォンバット』『卒業M』『モンスタータクティ
クス』『自動車王』など。

「面白いものを拡張する」という発想方法には「罠」があります。足し算だけでは、面白いゲームはできない！

鶴田道孝

はじめに

鶴田道孝です。

コーエーテクモがまだコーエーとテクモの2つの会社に別れている頃よりさらにその昔。テクモの名称がテーカンだった頃に入社して、『ソロモンの鍵』『つっぱり大相撲』『キャプテン翼』などを作り退社し、その後はフリーとしてゲーム開発に携わってきました。

ゲーム作成の分業では、企画という部署で、ゲームの企画、プランニング、難易度作成、初期の頃は dot 絵も描いていました。

どんなことが好きだったか？

小さい頃から絵を描くことが好きで、母や祖母から包装紙をもらっては、その裏側に良く落書きをしていました。

小学校あたりから、迷路とパズルが好きになり、大学ノートに迷路を良く書くようになります。パズルは「ペントミノ」という四角い箱の中に、テトリスのパーツを詰め込む物が好きで、良く遊んでいました。

中学くらいになると、SF が好きになり、良く読んでいました。

もちろん、マンガも好きで、特に石ノ森章太郎氏のものを良く読んでいました。

大学に入ると、ウォーゲーム好きの友人の影響で、アバロンヒル社のウォー

ゲームを遊ぶようになります。紙でできたボードの上に小さいコマを乗せて、戦闘結果をサイコロで出すというゲームでした。この戦闘力の計算が七面倒臭く、何とかこれを自動化できないものかと思ったものです。

さて、今はそういう世の中。思えば遠くに来たものです。

その頃買ったのが PC-8001 の無印。それである程度自動化しようと、BASICでプログラムを組んだのですが、プレイ中にバグが見つかり頓挫しました。

その後もコンピュータを次々と買い、富士通の FM-7、テーカン入社後はSONY の SMC-777 を購入し、X68000 を買っています。

SMC-777 では良く『ロードランナー』を遊びました。この体験が、のちに『ソロモンの鍵』へと繋がっていきます。

どんなことを学んだか？

小学校の頃、多湖輝氏の『頭の体操』という書籍が好きで、よく読んでいました。そのためか、少し違った見方をする癖が身に付いていたような気がします。また、心理学についても興味があり、その関係の本をいくつか読んだ記憶があります。知覚心理学は、大学の池田宏先生のアニメーションの授業で『別冊サイエンス 特集 視覚の心理学 イメージの世界』がテキストで、毎週その1項目を要約するという課題をやっていました。この要約する技術は、その後いろいろと役立っていると感じます。

アニメーションの実技は、月岡貞夫先生からいろいろと教わりました。このあたりは確実に dot 絵のアニメーションに活かされていると思います。

ゲームとマッハバンド

知覚心理学を多少かじったことで、こういう刺激を与えると、人間はこういう風に感じる、というパターンをある程度身に付けたとも思います。今で

もよく覚えているのが「マッハバンド」。

　これは、2つの色に塗り分けられた画像があり、その境界線付近で、暗い色のほうがより暗く感じ、逆に明るい色のほうはより明るく感じるという現象です。絵画を描かれる方なら現象名は知らずとも、それを技法として使っていることと思います。白さを際立てる際、その周辺を暗く描くなどでしょうか。人間が輪郭線を知覚するのは、この効果が影響していると学びました。

＜マッハバンドの図＞

中央の四角形は、単一の灰色で塗られていますが、隣接する左の白っぽいところでは、境界線が暗く感じられ、反対に、隣接する右側の暗いところは、境界線が明るく感じられます。これが、マッハバンドの効果による錯視です。

　では、これがゲーム作成とどう関係があるかというと、「難易度」に関係してきます。レベルアップした際、今までの敵が急に弱くなると感じますが、敵の攻撃力、防御力、プレイヤーの攻撃力、防御力と戦闘演算で割り出すダ

メージ量、それらの数値よりも、プレイヤーはより敵が弱くなった、と感じると思っています。ちょうど、マッハバンドの明るい側がより明るく感じるように。ですから、プレイヤーにこのくらいの手応えを与えたい、と難易度を設計する際、このマッハバンド効果が影響する分を考慮に入れないと、思った以上にプレイヤーに易しく、あるいは難しく感じさせてしまうことになります。ターン制のRPGでは数値でほとんどが決まりますが、アクション制が高くなったり、パズル要素があったりすると、どれがどれくらい難しいかを何らかの指標で決めなくてはなりません。

　確か、『ソロモンの鍵』のマップ構成を行う際、各マップをスタッフ数人にプレイしてもらって、難しさを1から10の数値で評価してもらいました。もちろん、コメント欄もあって、そこに感想があれば書いていただきました。

　その数値と感想をもとに、マップの配置を決めた記憶があります。

　その際、順番に難しくなっていくのではなく、メリハリを付けるために、ある程度のバラツキをもたせました。ただ、あまりにも難しい面が初めのほうにくると、その後の面がその評価値以上に易しく感じてしまうことになります。おそらくこれが、先に説明したマッハバンド効果だと思います。

　そのため、そういう効果を狙わないところでは、『ソロモンの鍵』の難易度のバラツキの幅は少なくしたと思います。

　なぜそうなるかを改めて考えると、例えば、難易度レベルが1、2、3と上がっていくとき、3の次が6だとすると、その次が4になっても、3よりも易しいと感じてしまいます。これは、プレイヤーが難易度を絶対値として認識しているのではなく、相対的に認識しているためです。6をクリアした段階で、プレイヤーの力量も難易度6に相当するくらい上達していますから、次の面の4では、力量よりも下回るので、易しく感じるためだと思います。また、一度上昇したプレイヤーの力量は、すぐに下がることはありません。

　数式にすると、次のようになると思います。

プレイヤーが感じる難しさ＝ゲームの難易度−プレイヤーの力量

　プレイヤーが感じる難しさは、正確には「そのときプレイヤーが感じる難しさ」で、プレイヤーの力量も「そのときのプレイヤーの力量」です。「そのとき」が付くのは、プレイヤーの力量が変化するためで、一度解いた面は、2度目では優しく感じるのも、そのためです。

　先に書いた難易度レベルとプレイヤーの力量とプレイヤーが感じる難易度を表にすると、下のようになります。

面	ゲームの難易度	プレイヤーの力量		プレイヤーが感じる難しさ
		開始時	クリア時	
1	1	0	1	1
2	2	1	2	1
3	3	2	3	1
4	6	3	6	3
5	4	6	6	−2

　面3よりも面5が易しく感じてしまうのは、こういう仕組みだと思います。

　実際のプレイヤーが感じる難しさは、こんな簡単なモデルで処理できるものではありませんが、大まかな説明用のモデルとしては十分かと思います。

　実際には、おそらく、単位時間当たりの操作量、つまり、ボタンを押したり、アナログスティックを操作したりする回数が1秒間にどれくらいあるか、また、認識負荷つまり、判断しなくてはいけない事象の数が1秒間にどれくらいあるか、肉体的な疲労、なども影響すると思います。

　レベルデザインをされる方の参考になれば幸いです。

『ソロモンの鍵』へ至る初めの発想

前述のSMC-777で『ロードランナー』を遊んだ体験から、こんなに面白いものがあるのだから、これを拡張したらきっともっと面白くなるに違いない、とアイデアを膨らませました。そしてできたのが、『ソロモンの鍵』の基本操作です。

ざっとご説明すると。

『ロードランナー』の主人公の能力は、床を消すこと。消えた床は自然回復します。

『ソロモンの鍵』では、この出し消しを主人公が行うようにしたことと、床だけではなく、横にも出せるようにしたことで、上への移動の足場としても使えるようにしています。こうすることで、『ロードランナー』では、上方向への移動はハシゴを使いますが、『ソロモンの鍵』ではハシゴを使う必要がなくなりました。

ですが！

この「面白いものを拡張する」という発想方法には「罠」があります。

どういう罠だったのか、というのはのち程ご説明するとして、今はこう申し上げたい。

足し算だけでは、面白いゲームはできない！

と。

さて、引き続きとあるゲームが大好きなゲームを作る人の過去の話を聞い

て頂くことといたしましょう。

　左右下に穴を掘れるのが『ロードランナー』の特殊能力。そして、それが一定時間で埋まるというゲームルール。これを駆使して、敵をかいくぐって金塊を全部取ると面クリア。

　このパズル性とタイミング性、おそらくこれがアクション性だと思うのですが、絶妙な面が多数あり、夢中で遊びました。

　で、先の発想に戻ります。

「これに新しいルールを加えたら、もっと面白くなるんじゃないの？」

　さて、先ほども申しました通り、この発想には罠があるのです。
　では、その後の顛末をご覧いただきましょう。

　『ストーンメイズ』として企画されたそのゲームは、当初、アクションゲームとして制作されました。そして開発が進むにつれて、その罠が発動します。
　どういう罠かと言いますと、まず１つは、アクションゲームにしては主人公の操作が移動するためにはやや複雑になりがちだった、という点。もっとも問題となったのが、主人公の石を出す、消す、という能力が敵に対してかなり強力であるという点。これは、アクションゲームの難易度を作るうえで大きな障害になりました。
　今、この原稿を書いていると、罠がどんなものであるか、把握できていますが、開発している最中の私には、それがどんなモノかなど、わかる訳もなかったのです。
　こうして、『ストーンメイズ』のプロジェクト自体が迷宮の中に落ちていきました。

　その当時の私の上司である上田和敏氏は、おそらく罠の正体を見抜き、アクションゲームではなく、パズルゲームにするように方向変換を指示しました。また、プロジェクト自体を上田さんが指揮して、パズルゲームとしての骨格を作っていきました。その後、開発途中で上田さんはテクモを去り、アトラスの創業に関わることとなります。

　上田さんの退社で、大変心細かったのを覚えています。しかし、一度ゲームの骨格ができてしまうと、のちの装飾、調整はそれ程難しいことではありませんでした。

『ストーンメイズ』の何が悪かったのか？

　今では、『ストーンメイズ』の問題点がわかります。

　ゲームを作る場合、主人公キャラクターの能力よりも、どんなゲームにするか、というほうが遥かに重要なのです。火の玉を打つアクションゲームにしようと考えていましたが、主人公の能力がそれにはあまり適していなかったことは、前述の通りです。

　では、どうしてそうなってしまったのか？

　それは、どんなゲームにするか、を決める前に、主人公の能力を決めてしまったためです。

　つまり、『ロードランナー』の主人公の能力を拡張して、主人公の能力を決めたものの、どんなゲームにするかは、決めていなかったのです。

　これが、罠の正体でした。

　また、『ストーンメイズ』を作っている頃の私には、まだ、「頭の中でゲームを動かす」という能力が完全に身に付いていませんでした。主人公のキャラクターを頭の中で動かすことはできても、それがゲームの中で、敵とのやり取りや、ラウンドクリアの条件を含めて、ゲーム全体を頭の中で動かすという域には達していなかったのです。おそらく、これがもっとも基本的な問

題点だと思います。

　もし、ゲームを頭の中で動かすことができていたら、ゲームの全体像が形作られていないことにすぐに気付いたでしょうし、問題の検出も早く行えたと思います。

ゲームを頭の中で動かす

　ゲームを何作か作られたデザイナー、プログラマの方なら、この能力を既に身に付けていることと思います。

　頭の中にゲームの映像が浮かび、コントローラーを操作すると、ゲームシステムに基づいて、頭の中に映像が動きます。VR の場合でしたら、自分の周りに映像があり、想像した世界の中を動き回ることができるでしょう。

　この能力の利点は、ゲームを作る前に、何の仕様も実装も行わずに、ゲームをテストすることができるという点です。特に、ゲームの調整段階では、大きな力を発揮します。新しいアイデアの導入で、ゲームがどう変化するかを、ほぼ瞬時に把握することができるので、新しいアイデアの導入が適切であるか、アイデアをどう修正したら良いかなどのトライアンドエラーが短い時間で行えるため、アイデアの品質向上が進みます。

　仕様を決める際にも有効です。その仕様がゲーム全体にどういう影響を与えるかをテストしてから決めていけますから、あとからの仕様バグなどの不具合が起こりにくくなります。

　この文章を読まれている方が、ゲーム制作者もしくはそれを目指す方でしたら、まずは、難易度調整の際、こうしたら、このゲームはこう変化する、というのから、ゲームを頭で動かす能力を得ていくと良いと思います。そうして、それに習熟したら、新しいゲームの企画を立てる段階で、アイデアの取捨選択の際に、その能力を使って、ゲームをテストして、企画を具現化していくことができるようになります。

　注意点としては、そのカテゴリのゲームの経験量が必要ですから、一度手に入れれば、万能の膏薬というようには作用しない点です。何ごとも、積み重ねが肝要かと思います。

『ソロモンの鍵』が難しい理由

　アクションゲーム用に作ったかなり自由度の高い主人公の能力、高いパズル性のマップ、時間制限を逆手に取ったようなマップ、純粋にアクション性のみでクリアするマップなど、多彩なマップが用意されました。
　ただ、FC『ソロモンの鍵』の難易度の設定では、とある勘違いから非常に難しい難易度になってしまいました。
　当時のゲーム雑誌に、小学生がそれはもう、やり込みまくって投稿したとしか思えないような、いわゆる裏技が掲載されていたのです。それを見て、テクモの開発スタッフは、こう考えました。

「こんなことがわかる小学生がターゲットなんだから、アーケード版より難しくて当然！」

　確かに、そういう小学生がいたかもしれませんが、ターゲット全体がその力量を有しているはずはありません。こうして、FC『ソロモンの鍵』は、激辛なゲームとなりました。
　ただ、そのためだと思いますが、パズルゲームとしても、アクションゲームとしても妙に人の記憶に残るゲームになったのだと思います。
　今、こうしてこの原稿を書いていますと、とても感慨深いです。『ソロモンの鍵』は、実に運の良いゲームだったのだなぁと思います。完成に至る細い道のりをどうにかくぐり抜けてきたゲームだったのだな、と。結果的に、欠陥とも言える要素が化学変化を起こして、1つの形にまとまったのだとも、思います。

『ソロモンの鍵 2』は正しい手順で作られた？

開発中の元々の名称は、『アイスキッド』。

このゲームは、『ソロモンの鍵』と対照的に、どんなゲームにするか、を先に決めて、そのゲームに適した主人公の能力を決める、という手順で作られました。

このゲームを作る直前に作っていたのが、『ピットマン』で、その仕様とゲーム内の dot 絵を担当しました。そこで、『ピットマン』のゲーム性に触発され、『ソロモンの鍵』のようなブロックの出し消し加えた純粋なパズルゲームが作れるのでは、と思い考えたのが『アイスキッド』でした。

『アイスキッド』は『ソロモンの鍵』と違い、純粋なパズルゲームで、アクション性はほとんどありません。『ストーンメイズ』と違い、ゲーム全体を考える際の触発材料としての『ピットマン』でしたので、主人公の操作性は『ピットマン』と『ソロモンの鍵 2』とでは全く異なります。ある意味、ようやくどんなゲームにするかを決めて、主人公の能力を決める、という正しい手順に至った訳です。

ただ、残念なことに、独自タイトルでの販売では、販売数が見込めないという理由で、『ソロモンの鍵 2』として販売されましたが、今から考えれば、これはあまり良い策ではありませんでした。『ソロモンの鍵』ファンからは、純粋なパズルゲームであることから敬遠されたようです。そのためか、販売数は多くありませんでした。とても残念に思ったことを覚えています。

ところが今、Amazon での販売価格、評価を見ますと、30 年近く前のゲームにも関わらず価格もそれ程下がっていないうえに、カスタマーレビューも高く、嬉しい限りです。

真面目に作っていれば、必ず評価される、とは限りませんが、時を経て、こういう評価に巡り会うと、とても嬉しくなります。

『つっぱり大相撲』は迷走する

　相撲の試合の仕様と登場する力士の dot 絵を担当しました。制作期間は確か、2 カ月か 3 カ月です。短期になった理由は、外注に依頼したのですが、外注では納期に間に合いそうにないので内作に切り替えたのですが、既に発売日が決定していたため、こんな期間になりました。まるで『カリオストロの城』の「やり直せ。納期も変えてはならん」というような状況です。

　相当無理のあるスケジュールでした。スタッフは、『キャプテン翼』の作成をしている途中で、一旦中止して、『つっぱり大相撲』の作成にシフトしたのでした。

　昼間は dot 絵を描いて、夕方くらいから仕様を書く、というようなことが続きました。

　ファミコンの 512 キロビットという容量のカセットで、半分がプログラム用の ROM、半分がグラフィック用の ROM という構成です。8 ビットが 1 バイトですから、プログラム、グラフィックともに 32 キロバイトしかありません。ただ、1dot は 2 ビットですから、256 × 512 の dot を格納できます。しかし、ファミコンには、同時に扱える画像情報に制約があり、8 × 8dot を 1 キャラクターという単位として 256 キャラクター、つまり、64 × 128dot の容量しか、スプライトに割り当てることができないのです。

　では、残りはというと、その 128 × 128dot の領域がバンクという単位で、基本的には、フレーム単位でバンクを切り替えて使用します。そういう制限があるため、とにかく、力士で使用するキャラクターで共通化できるものは、徹底的に共通化しました。

　ある程度作業が進んだ段階で、困ったことが起こります。ある力士のポーズが不要になった際、そのポーズで使用しているキャラクターを削除して良いかどうかがわからなくなったのです。ポーズを構成するための表は作成し

ていましたが、あるキャラクターがどのポーズに使われているか、という資料は作成していませんでした。

　先にお伝えした通り、あとからそれを作成する余裕は私にはありませんでした。そこで、そのキャラクターデータの管理をするスタッフを１名加えて頂いて、なんとか乗り切ることができました。

　今でしたら、ポーズデータをデータベース化するなり、ポーズのキャラクターデータを検索するなどして、簡単に解決できた問題ですが、その当時、企画担当の部署には、そんなツールは存在していなかったのです。そもそも企画部にはパソコンなどありませんでしたから。

　こうして、なんとか詰め込んだおかげで、メガロム、つまり、1024 キロビットのロムではないかという噂が立ったようです。

　とにかく突貫工事の様相で作業は進みます。しかし、一点だけ、うまくいかないことが出てきます。それは、「**どうやって技を受けた際のダメージ量を決めるのか？**」というダメージ演算の仕様です。

　これには本当に苦労しました。

　私はデータを元にダメージ量を算出する方式を考えたのですが、うまくいかず、プログラマは独自に数式でダメージ量を割り出す方式をテストしていました。このときは、実に気まずい空気が流れていたものです。

　結局、両方のプランもうまくいきませんでした。最終的には、プログラマが新しいダメージ演算の仕様を作るように私に言ってきて、データと数式のハイブリッドの形で、まとまりました。

　今考えれば、本当に運が良かったのだと思います。

　どんな演算方法か？

　では、次の『キャプテン翼』でご説明いたします。

『キャプテン翼』で迷走は結晶する

　試合内の仕様と演出データを作りました。データは、あの画面上半分の映像の形式と演出、下のアナウンサーのセリフなどです。

　この頃になると、dot 絵は描いていません。

　確か、プロジェクトの途中で、X68000 を買って、会社に持っていって、それを使ってアセンブルのデータを打ち込んでいました。X68000 のフロッピーのフォーマットと MS-DOS に互換性があったためです。

　フロッピーディスクといっても、硬いプラスチックケースに入っている 3.5inch ではなく 5inch のもので、ペラペラのものです。一度、フロッピーディスクがクラッシュして、バックアップを取ったのが 1 週間前、目の前が真っ暗になったことを覚えています。

　なんとか 1 日でデータを再度記述して、復旧。一度やった仕事は体が覚えているものですが、あまりしたいとは思わない作業です。

　さて、『つっぱり大相撲』のダメージ演算のお話。

　翼の戦闘解決の仕様を見たプログラマが、私のところにやってきてこう言ったのです。

　「これってさ、『つっぱり』のとほとんど同じなんだけど」
　「そうさ。作ったときにそう思ったんだ。これは、『翼』にも使えるって！」

　アバロンヒル社のウォーゲームの戦闘解決方法は、攻撃側の攻撃力を合計し、防御側の防御力を合計し、その比率を割り出し、それに地形拘束の修正値を加えて、-1 〜 8 の段階に分類します。そしてサイコロを振って、1〜6 の数字を出して、戦闘結果表で、結果を導くというものです。

文章にすると、わかりづらいですね。

記憶による『キャプテン翼』のドリブル vs タックルの例を表にしますと、下のようになります。記憶ですので、実際の仕様とはかなり異なっているとご承知おきください。いろんな意味で。

戦闘比率＝ドリブルの威力÷タックルの威力

戦闘比率	0.25 未満	0.25 以上〜 0.75 未満	0.75 以上
結果	タックル成功 ディフェンスが ボールを取る	こぼれ球	ドリブル成功 ディフェンスを 抜き去る

基本は、こういう数式と表で決まります。

実際は、これに、乱数を加えて下のような式で行います。

戦闘比率＝ドリブルの威力÷ディフェンスの威力＋乱数（-0.25 〜 0.25 とか）

ドリブル力やタックル力は、その選手のレベルから導かれます。

『つっぱり大相撲』のダメージ量は、この結果のところに、ダメージ量が記載されていました。

これを記述していて、少しだけ感慨深いです。

その昔、私はゲームの教科書として、『バランス オブ パワー デンザイナーズノート』という、クリス・クロフォード氏の著作を教科書のように読みました。

氏のその著作には、戦闘時の問題解決の記述にやはりそういう数式がありました。過去に読んだ著作と同じようなことをしているんだな、という感慨です。この書籍、Amazon で当時の定価が 2800 円なのが、1 万円を超えて

販売されています。先ほどパラパラと見返してみましたが、やはり、素晴らしい書籍という感慨が蘇ります。

　さて、先の数式と表で何か気付いた方がいらっしゃるかもしれません。ドリブルとタックルであれば、相手選手を空間的にかわして、という戦術が可能ですが、キーパー相手となると、そうは行きません。

　乱数以外では、シュートを決める見込みがありませんし、そもそも得点できる範囲にシュートの威力がなければ、全部キャッチングかパンチングされてしまいます。

　そこで、変動要素として、キーパーの体勢値というものを設けました。シュートを打って、パンチングで防いでも、そのこぼれ球をゴールの反対側の隅に撃たれれば、体勢を立て直すロスで、ゴールが決まる、というのを実現するためのものです。

　これは、マンガの『キャプテン翼』で、強敵のゴールキーパーからゴールを奪うのに、何度も何度もシュートを打って、相手の体勢を崩してゴールを決める、というシーンからの発想でした。

　体勢値は、確か「シュートの威力と関連した値を引く」、という手続きと、「一定時間単位で回復していく」という仕様になっていたと思います。

　同様に、シュートの威力も、接触した相手選手を吹き飛ばす毎に、少しずつ落ちていくようにすることで、強力なシュートもみんなで力をあわせることで、防げる、ということができるようになっています。ほら、あのフィールダーを吹っ飛ばしていくあのシュートですよ。

　今思えば、そもそもは、マンガの『キャプテン翼』が面白くて、それに触発されて、内部仕様や演出を考えていたように思います。もしかすると、こういうことがあったからかもしれません。『ポケモン』の石原恒和氏が「キャラゲーは嫌いだけど、『キャプテン翼』は別」という発言をしたと聞いた気がしますが、そういう理由だったのかもしれません。氏とはのちほど、お会いすることとなります。

　連載と同時に作成していたためですが、ドライブタイガーツインシュートの実装は、かなり無理やりでした。立花兄弟のツインシュートは作成していたのですが、翼と日向のドライブタイガーツインシュートは、全くの想定外で、その連載の回を読んだときは、どうしたものかと、心の中で頭を抱えました。

　企画のチーフの方と相談するうち、「これ入れないと、プレイヤー納得しないよね」という話に落ち着き、表示するのは短い時間だから、ツインシュートにエフェクトを加えた演出にしよう、ということになりました。ですから、良く見ると、翼と日向顔が同じです。さすがにそこまでの変更はできませんでした。

　ドライブタイガーツインシュートで思い出しました。

　翼では、画面をフラッシュさせる演出をかなり多用していました。のちのポケモンフラッシュです。あの当時は、問題になりませんでしたが、問題のある表現方法でした。将来のリスクを見据えることは難しい。

　そう言えば、テレビCMの制作の際、来社されたCM制作の会社の方が、大学の先輩でした。「アニメの翼より動いてますよ！」と絶賛され、大いに照れ臭かったものです。あのボールが爆発するCM、覚えていらっしゃいますか？

『キャプテン翼2』は美しい軌道を描く

　作業内容は、『キャプテン翼』と同じです。違うのは、社内スタッフではなく、外部スタッフとして参加したことでしょうか。

　『キャプテン翼』を作成後、テクモを退社してそのままゲーム業界引退、のような流れでしたが、どうしたことかお声がかかり、外部スタッフとしての参加することになりました。

　『キャプテン翼2』は、現在に至るゲーム作成の現場の中で、最も美しい

軌道を描いて月に到達したロケットだと思います。実際、作成スケジュールを半月くらい残して完成しています。また、途中で細かい調整はあるものの、壁にぶつかることもなく、大きな仕様変更などもなく制作は進行しています。

　『キャプテン翼』を作っている最中に、ここはこうしたほうが良い、というアイデアがすでにスタッフ内で共有されており、『2』を作る際には、それを取りまとめることで、どんなゲームシステムにするかが決まりました。

　どんなゲームにするか、という一番大事な部分がスタッフ全員に共有されたことが、大きな力になったのだと思います。

　映像面で言えば、『1』で偶然使った、地面を傾けた背景がとても良い効果を発揮したので、水平のほか、地面を斜めにするものをフィールドの場所ごとに設けることで、選手のポーズが同じでもプレイヤーに異なった印象を与えることができる、という確信があり、そういうスタイルを取っています。

　また、どんな選手のポーズが必要かなども、『1』の経験から事前に細かく割り出すことで、キャラクター ROM の容量を無駄なく使用して、効果的な演出を作り出すことができたと思います。

　この作品以降、紆余曲折はありますが、主にフリーランスとしてゲーム作成に関わることになります。

　私の経歴のことは、ここまでにして、ここからは、アイデアの発想など、ゲーム企画者として、どういう風に着想を得ているか、などについてお話ししたいと思います。

どうやってアイデアを思い付くか?

アイデアを発想するとき、どういう風にするでしょう?

KJ 法を使って、アイデアをかたち作っていく?
ひたすら考えて、理詰めで作り出していく?

　もしかしたら、これからお話しすることは、ややオカルトめいているように感じられるかもしれません。

　ですが、私独自のことではなく、割とあることだと先にご説明したいと思います。

　ウロボロスの蛇。蛇が自分の尻尾を咥えて、円の形になっている古代の象徴の１つです。これが、とある科学史で重要な発見に繋がっています。

＜「ウロボロスの蛇」の図＞

　アウグスト・ケクレは、ある化学物質の構造式の発見に、ケレス自身が見た夢が関係していると述べています。ひたすら考え続けてもわからなかった構造式が、その夢がきっかけでわかったと。そう、その夢に出てきたのがウロボロスの蛇だったのです。そして、でき上がったのが**ベンゼン環**です。

　この書籍は、ゲームについて記載するものですので、興味を抱かれた読者の皆さんは、ご自分で調べて見るのも良いと思います。

さて、**馬上枕上厠上**という言葉をご存知でしょうか？

何かを発想するのに良い場所というのをあらわす言葉です。馬上は、馬で移動すること、現在では移動中を意味します。枕上は文字通り、寝ているとき、という意味です。寝る前、うっすらと起きているとき、起き抜け、だと思います。最も、寝ている最中に思い付く、ということもあるのは、先にお話しした通りです。厠上は、トイレのことを意味します。

「あれ？ 仕事をしている机の前ではないの？」と思われた方、いらっしゃいませんか？

実は、机の前で思い付くのは、そんなに多くないのです。理由はのちほど。

私の経験でも、やはり、机の前は少ないですが、条件が少し加わります。思い付こうと考えている最中より、その少しあと、他のことやリラックスしているときが多いと感じています。

発想のプロセスは、4サイクルエンジン の「**吸入**」「**圧縮**」「**爆発**」「**排気**」に例えることができると思います。

「**吸入**」は、インプットの期間。
「**圧縮**」は、何かアイデアを生み出そうと、考える期間。
「**爆発**」は、アイデアが結晶化し、生まれる瞬間。
「**排気**」は、アイデアが具体的な形になる瞬間。

「吸入」ですが、個人的には、2段階あると考えています。

「吸入1」は、いろいろな情報や経験を貯える期間。「吸収2」は常に入ってきた情報や体験に疑問をもったり、おかしなことはないかと注意をしたりして、自分なりの考え方にまとめたり、意識の中の図書館に分類する無意識の作業です。

私は、この「吸入」がかなり重要だと考えています。インプットした情報、

さらに体験が、発想の足腰だと思うのです。このインプットを適切に、意識の図書館に分類すると、強い体幹ができあがると思っています。なんとか無理にアイデアを生み出そうともがき続けると、インプットがすり減って、結果的に、創作能力が低下するという話は、よく聞きます。

「インプットがすり減って」と書きましたが、インプットの量が減ることも関係しますが、無理にアイデアを出そうとして、意識の図書館のデータベースのインデックスに矛盾が生じて、うまくインプットしたものにアクセスできなくなるのではないかと思います。一度体験した記憶自体がすり減るわけではありませんから、体験、情報と、アイデアを結ぶ、リレーションが間違った紐付けをされて、アイデアの形成を阻害するのだと思います。

そうなった場合、意識の図書館のデータベースを再構築しなくてはなりません。基本的な方法は、もう一度インプットを行い直す方法です。これは、時間がかかりますが、弱った足腰体幹を鍛え直すと考えて、その投資は怠らないほうが良いと思います。ある程度、熟練してくれば、再構築を日常の作業で使う脳のタスクとは別に、バックグラウンドで行わせることもできるかもしれません。

と、書いていて、前段で説明することが抜けていることに気付きました。

私が考える人の「**思考**」についてです。

人の思考

私は、人の思考をコンピュータの用語で考えるクセが付いています。人の意識（あえて脳とは言いません）の作用は、とても複雑で何か適切な用語を割り当てないと、できるだけ的確に説明するのが難しいためです。

心理学で、表層意識、潜在意識というものありますが、私たちが、自己を認識しているのは表層意識で、これは例えるなら、氷山の海面に出ている部分くらいの小さい部分です。

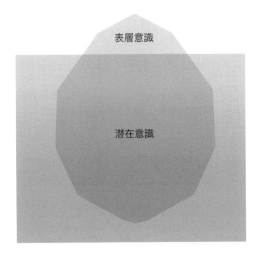

　海面下の大部分が潜在意識で、こちらが実はメインの仕事をしている、と考えています。コンピュータに例えるなら、表層意識はアプリケーションレイヤーで、潜在意識はOSや各種サービスなどに相当するでしょう。また、先ほど言ったバックグラウンドというのも、潜在意識に含まれます。

　こんな経験はありませんか？

　特定の誰かに会いそうだと思ったら、その人に会った。

　料理をしていて鍋を火にかけていて、別の料理の材料を用意していたら、火にかけた鍋が丁度いい状態だと、なぜか気が付いた。

　こう言った働きは、潜在意識の働きだと思います。人に会う例は、かなり総合的な情報処理を行なっていると思います。対して、鍋の状態が丁度良いというのは、バックグラウンドで鍋の状態を無意識にチェックしている、と考えられます。いわゆる**マルチタスク**です。

　この用語のもとはコンピュータ用語だと思うのですが、最近は心理学の分野でも使っているようです。同時にいくつかのことをこなすことのようです。

　30代の頃、3つのプロジェクトを同時並行で行なっていたことがありま

すが、1つのプロジェクトの仕様を書きながら、バックグラウンドで、その直前に書いていた別プロジェクトのその先の仕様を考える、とかいうのをやっていました。同じプロジェクトの仕事を連続して行うより、飽きたら別のプロジェクトの仕事をする、という方が、効率が良かった記憶があります。

　私が考える人の思考は、潜在意識で同時に複数の思考が並列で動いていて、それが、取捨選択あるいは統合されて表層意識に届き、1つの意識になる、と考えています。ですから、自分が本当は何をしたいかは、潜在意識は知っていても、表層意識には届かないケースもあると思います。

　わかりやすいケースで言えば、周りは彼もしくは彼女が異性の誰を好きかということを察しているのに、当の本人はそれに気付いていない、というような。

　意識のリレーションについてです。

　記憶は一種のデータベースですが、その関連付けはかなり奇妙です。ある記憶を思い出したら、全然関係ないような出来事が想起されることってありませんか？

　おそらく、インプット時の分類で、そのようになっているのだと、私は理解しています。その分類に関わっているのが、多分、脳の海馬だとも想像しています。インプット後に、そのデータベースのリレーションが、アイデアを生み出すのに最適化されていたら、アイデアを生み出すのに有利だと思います。ですが、過ぎた思考の最適化は、あまり生存戦略的に良くないかもしれません。

　生存戦略とは、主に動物行動学などでその動物が生き残る、子孫を残す戦略のことです。

　例えるなら、今の環境で生きるのに最適化して、余分な機能を削ぎ落としたら、今の環境で生き残るのは容易になります。しかし、環境が変化し、削ぎ落とした余分な機能が必要になった場合、致命的なことになります。

別の最適化の例として、例えば、単一種の作物でその野菜が埋め尽くされたとします。もし、その種に致命的な病気が蔓延したら、その野菜は全滅してしまいます。

知識やそのデータベースにも、無駄、もしくは冗長性が必要だと思っています。

動物行動学とゲーム理論

どうして、動物行動学などに興味を持ったかと言いますと、『フィンチの嘴』（著：ジョナサン・ワイナー）、『利己的な遺伝子』（著：リチャード・ドーキンス）という本を読んだためです。

『フィンチの嘴』では、動物の進化や行動がそれぞれの生きるための戦略を持っているということを学びました。『利己的な遺伝子』では、遺伝子が生き残るための戦略について知りました。

この遺伝子の戦略は、ゲーム理論によく似ていると思いました。

ゲーム理論とは、複数の人間の行動がどういう結果になるかを定量的にあらわしたものです。ここで説明するには長いので、興味を抱いた方は学んでみてください。

1つだけ例を挙げると、**「囚人のジレンマ」**が良いでしょう。

共同して犯罪を犯した2人の囚人が、自分に有利にするにはどうしたら良いか、というものです。

2人には、「相手を裏切る」「沈黙を守る」という2つの選択肢があります。

2人とも「沈黙を守る」と、2人とも証拠不十分で無罪になります。

2人とも「相手を裏切る」と、両者とも重めの量刑を受けます。

ところが、片方が「沈黙を守る」を行い、他方が「相手を裏切る」となると、裏切られたほうの量刑は最も重くなります。裏切ったほうの量刑は、軽くなります。一種の司法取引です。

これを組み合わせ、量刑を数値化した表であらわすと、下のようになります。

	沈黙を守る	相手を裏切る
沈黙を守る	両者ともに量刑０	←量刑４、↑量刑１
相手を裏切る	←量刑１、↑量刑４	←量刑２、↑量刑２

　さて、ではこれをモデルにしたゲームを行なった場合、プレイヤーは沈黙を守るでしょうか？　それとも裏切るでしょうか？

　プレイヤーは、相手が自分を裏切る可能性を捨て切れません。当然ですが、最も量刑が少ないのは、両者が沈黙を守る、という場合です。ですが、相手が裏切る前提で、自分のとる行動を考えると、自分が沈黙した場合、最大の量刑４を受けることになります。裏切った場合は量刑２です。すると、大抵のプレイヤーは裏切る行動を取ります。

　さて、話が発想からだいぶ逸れました。もとの発想についての話に戻ることにします。

アイデアが生まれる瞬間

　意識の図書館について記載している内容は、学術的なエビデンスや論文に裏打ちされたものではなく、私の感覚と経験に基づいています。

　さて、「吸入」により情報や体験が意識に蓄積され、意識の図書館にデータベース化されインデックスとリレーションが形成されます。そして、何かのアイデアを生み出そうと考えると、意識の図書館を無意識に検索します。これが「圧縮」に相当します。

　この作業は潜在意識が行うため、表層意識はほとんど無自覚です。その際、表層意識は、あれこれ考えているという自覚はありますが、アイデアを閃い

た瞬間、なぜそれを思い付いたか、あるいは、アイデアを閃いた瞬間の前に考えていたことと閃いたアイデアとの関連をうまく説明できません。

アイデアが閃いた瞬間が「爆発」です。この爆発は、潜在意識の中で発生し、稲妻のように表層意識に到達します。この「爆発」のコントロールはかなり難しく、表層意識がそうと思っていないときにも起こります。入浴中にアイデアに撃ち抜かれたアルキメデスが、「エウレカ!」と叫んで大通りに飛び出した、という逸話はあまりにも有名です。

アイデアが閃くときの感覚は、思い出そうと眉根を寄せて両腕を組みいくら首をひねっても思い出せなかったことが、なぜか急に思い出したときの感覚に似ています。

「圧縮」で意識の図書館の検索が始まりますが、それが、いつ「爆発」に至るかは、「吸入」でかたち作られた意識の図書館の本の量と、その配置(インデックス)、その関連付け(リレーション)で決まるのだと思います。おそらく、生み出したいアイデアが意識の図書館のインデックスに検索ワードがあれば、即時にアイデアが生み出されますし、そのインデックスからリレーション的に近い位置にあれば、少しの時間でアイデアが生まれます。

リレーションは、1対1で接続される場合もあれば、多対多で接続される場合もあります。潜在意識の検索は、リレーションが枝分かれしていれば、検索も枝分かれして行われます。どれくらい分岐できるかは、人により個体差がかなりあると思います。

また、その人の心の状態にも依存すると思います。もし、何かの心配ごとで心が埋め尽くされているとしたら、アイデアの検索に潜在意識は十分なリソースを投入できないでしょう。

リレーションによっては、堂々巡りになるケースもあるかもしれません。肝心な情報に接続されていないかもしれません。ですので、先に「吸入」が重要だと述べたのは、これが理由です。

あくまで私の抱くイメージですが、意識の図書館の本の中を青白い光がリ

レーションに沿って走り、分岐し、幾つかの本のどこかのページに行き当たります。そして、それらが結合したとき、ジグソーパズルの最後のピースがはまったように、カチリと音がして、青白い光はリレーションを逆に戻って、枝分かれしたところではもとの１つの光に戻り、最初の本に辿り着きます。

　この瞬間、「爆発」が起こり、潜在意識の中で発生した青白い光は表層意識を打ち抜きます。

頭の中で響く声

　何人かの人に尋ねました。「自分の思考の声とは別に、他の人の声が頭の中で聞こえることはありませんか？」と。今のところ、そういう人とは出会っていません。

　実は、私は頭の中で他の人の声が聞こえることがあります。幻聴とは違い、自分の思考の声と同じように頭の中で聞こえると感じます。これは霊感などいうものではないと考えています。

　これは想像ですが、潜在意識から打ち上げられるアイデアのように、潜在意識から打ち上げられる音声情報であろうと。

　どうしてこの声のことをお話ししたかというと、次で述べる私の発想法で、この声との対話（と言っても頭の中でです）が、意味を持っているからです。

私の発想の手順

　例えば、新たに企画書を書こうとする場合、その企画がどんなジャンルなのか、ゲームの大まかな内容などを、テキストファイルに箇条書きします。

　そして、その箇条書きの中で、手を付けやすいところの下に、その詳細を記載していきます。あとから知ったのですが、一種のマインドマップになっていたようです。

　テキストエディタは、アウトライナーではないので、階層はだいたい3階層くらいまでです。階層はインデントや行頭の記号を使って仕分けします。

　やりやすいところから手を付けていくと、既にわかっている事柄が、文字として並び、読み返してみると、何となくですが、全体像がおぼろげながらに見えてきます。

　一度、頭の中から外に出して見直すことで、問題点やそのプランのメリットとデメリットもはっきりしてきます。

　しかし、初めからそのゲームの全てを知っている訳ではありませんから、なかなか記述が進まない箇所が出てきます。

　そこで、一旦、パソコンの前を離れ、掃除をしたり、散歩をしたり、あるいは何か書籍を読んだりと、書いている内容から離れて頭を休めます。しばらく経つと、頭の中で何かが弾けたような、場合によっては頭を殴られたような感触を覚えます。

　これはイメージですが、一瞬で、膨大な量の情報が頭の中に飛び込んできたような感じで、その物量に頭の中で小さな爆発が起こったかのようです。

　急いでパソコンの前に向かうと、記述の進まなかった箇所にカーソルを合わせて、キーを打ち始めると、淀みなくスラスラと記述することができます。

　ただ、途中で手が止まることもあり、どうやらそういうときは、十分な下準備ができていない場合が多いようです。

　手が止まったところで、もう一度記載したテキスト全体を見直します。そして、先ほどと同じようにパソコンの前を離れて、他のことをします。そして爆発を待ちます。

　これを繰り返して、内容を詰めていきます。

　この爆発と似たような体験を、『ハリーポッター』の著者、J・K・ローリングも、体験したという逸話を聞いたことがあります。列車で移動中のJ・K・ローリングは、数分間のうちに、『ハリーポッター』シリーズの全ての物語が頭の中に降ってきたという逸話です。

似たような体験をしたことはありますが、それほどの分量の情報が降ってきたことは、いまだありません。

頭の中の声との対話

テキストで箇条書きをしているとき、プランがいくつか浮かび、どれにしたら良いか、悩むことがあります。メリット、デメリットを書き出しても、ゲームの全体像がまだふわふわした状態ですから、決めるのに決定的な要素がまだ足りないのです。

そんなとき、以前会社に勤めているときには、近くの机のスタッフに状況を説明しているうちに、結論が浮かんだり、その方の意見を聞いたりすることで、考えが決まることがありました。しかし、自宅作業のフリーランスになると、基本的に1人で考えることが多くなるので、誰かに話しかける、ということはなかなかしづらくなります。

そうこうするうちに、頭の中で「どうしたらいいか？」とぼんやりと考えていると、自分の心の声ではない声が返ってくることが増えてきました。そして、その声との対話で、プランを決めて行くことも起こるようになってきたと思います。

『全国制覇ラーメン王』の企画書

これは、2011年にフリーが集まってソーシャルゲームを作ろうという話になった際に、そこで私が作成した企画書（P72から掲載したもの）です。

iPhone上で動くクライアントアプリなど制作したのですが、残念なことにサーバープログラミングを行っていただくスタッフが見つからず、プロジェクトは自然消滅しました。

かなりバージョンアップした企画書で、アップデートした箇所に "New"

を付けて見やすくするほか、履歴のページも設けています。

　履歴を見ていだだくと、企画の発展の仕方がわかると思います。

　文字ばかりで長いので、一般的な企画書とは少々趣が異なりますが、ご参考になれば幸いです。

　今見直すと、昔に書いた企画書なので、時代遅れな部分も感じますが、かなり気合を入れて書いたのを思い出します。

　なぜ、ソーシャルゲームでラーメンなのか。

　多分、普通の建て方だと地味だと思ったからでしょうが、きっと『美味しんぼ』の影響があるからかもしれません。見聞きしたことは、インプットで、意識の図書館に蓄積されていますから、アウトプットにもその名残が出てくるものです。

アイデアを追加するときの注意点

　ある程度ゲームができ上がってくると、初めに考えてもいなかったような不具合が見つかることがあります。プログラムのバグの話ではなく、仕様が不十分だった、というケースです。

　こんなとき、新しいプランを追加して、不具合を解消したくなりますが、その前に十分検討すべき点があります。それは、その不具合の原因は何かをあぶり出す作業です。

　不具合は原因から生じた結果に過ぎません。その不具合を新しいプランで見えないようにしても、原因はそのまま残ってしまいます。すると、新しいプランの導入でゲームの環境が変化し、原因が別の結果、新しい不具合を生み出す可能性があります。

　『ストーンメイズ』が迷走していた頃の私がそうでした。原因は、先に述べた通りです。不具合の原因を究明して、根治的な対処が必要です。

　また、市場からの要求で新しい機能を実装しなければならなくなることも

あります。その場合でも、今のゲームの環境にどういう影響を与えるかを十分に吟味してから、そのゲームに親和性の高い方法で実装するようにしないと、後々、先にお話したような不具合の原因となりかねません。

プレイヤーの指し示す指は必ずしも原因を指していない

「この辺が面白くないから、こういう風にしてほしい」などのプレイヤーからの要望が届く場合があります。

大抵のプレイヤーの指し示す指は、先の不具合のように、結果を指し示していることが多く、原因を指し示すことは、そんなに多くありません。

もちろん、熟練のテストプレイヤーであれば、指し示す指が原因を指していることもありますが、ゲーム環境、仕様を最も理解しているのは、そのゲームを作っている人ですし、そうでなくてはなりません。

ここでも原因を追求して、それを解消するようにしたうえで、「こういう風にしてほしい」が達成できていないなら、新しいプランの導入を検討すべきです。

最後に

私は物心つかない子供の頃、時計などを分解してはもとに戻せなくて、親にデストロイヤーと言われていたそうです。多分、その機械の仕組みが知りたくて、バラバラにしていったのだと思います。

そう言えば、よく疑問を持って納得するまで調べたりしました。おそらく好奇心が強かったのだと思います。

どうやれば、より良い発想を得られるかは、難しいテーマですが、発想の段階でご説明した「吸入」、特に「吸入2」の疑問に持つこと、つまり物事についての興味を深く掘り下げることが、より良いリレーションを作る1つ

の方法ではないかと考えています。

　私の独特な考え方を述べました。

　最後までお読み頂き、ありがとうございました。

全国制覇ラーメン王

ゲームシステム概要 Ver.0.10

2011/11/24　鶴田 道孝

全国制覇ラーメン王
更新履歴

- Ver.010　ラーメンレシピの記載内容を明確にし、麺、具、湯レシピを追加しました。詳しくはWhat's new!をご覧ください。

- Ver.009　ソーシャル要素を見直し、お店の扱い、冒険でのパーティーの扱いを修正。
修正箇所が多いため、次のページにWhat's new!を設けました。

- Ver.008　モード遷移を追記。だんだんつめていく予定です。

- Ver.007　合作ラーメンについての記述を追加。（以前に合作ラーメンと記載していたもの）

- Ver.006　戦闘の流れ、ソーシャル要素、パーティー要素を追加。

- Ver.005　レベルアップシステムを変更し、職人システムを追加。
ラーメン勝負の関連図にキアイコマンドを追加。
麺、具、湯の技と呼んでいたものを、麺魂、具魂、湯魂と呼称するように修正。

- Ver.004　ラーメン魂→ラーメン魂、汁→湯（タン）に修正。
モンスター関連の世界観などを追加。
ゲームを繰り返しプレイさせる仕組みを追加。

- Ver.003　ラーメン勝負をターン性からリニアな時間性に修正

- Ver.002　ラーメン勝負の関連図を追加

全国制覇ラーメン王
New! What's New! ver010

- **ラーメンレシピに表示する情報！**
  - ラーメンレシピは、カードとして存在し、カードに下の情報が記載されています。
    ゲームシステムとしては、下のとおりですが、ラーメン画像、ラーメン説明文などがあるとより良いと思います。
    （ラーメン画像に湯気のエフェクトなど）
  - ラーメンの名称
  - ラーメンのカテゴリ　麺、具、湯のどれか。マークなどで現すのがよさそう。
    ラーメンカテゴリが麺なら、麺鬼に有効、という意味になります。
  - 作るのに必要な技ポイント　ラーメンカテゴリが麺なら、麺の技ポイントとなる。麺の技100というような表記。
  - ラーメン力：100〜150＋職人ボーナス30　という記述で、できるラーメンの範囲を記述
    ＋30は、ラーメンカテゴリが麺で、麺職人が作った場合というように同じ場合に加算されるボーナス値の最大値
  - 麺の種類、最低必要レベル　〜麺Lv.3以上という記述
  - 具の種類、最低必要レベル　〜焼豚Lv.1以上という記述
  - 湯の種類、最低必要レベル　〜スープLv.3以上という記述
  - 必要な体力　体力：24とか

2011/11/24　　　　　　ゲームシステム概要 Ver.0.10　　　　　　2

全国制覇ラーメン王
New! What's New! ver010

- **合作ラーメンレシピに表示する情報！**
  - 合作ラーメンレシピも、カードとして存在し、カードに下の情報が記載されています。
    ゲームシステムとしては、下のとおりですが、ラーメン画像、ラーメン説明文などがあるとより良いと思います。
    （ラーメン画像に湯気のエフェクトなど）
    合作ラーメンレシピキラカードのような普通のラーメンと違うカードのイメージが必要だと思います。
  - 合作ラーメンの名称
  - ラーメンのカテゴリ　麺、具、湯のすべて。どのカテゴリのモンスターにも有効！
  - ラーメン力：200〜250　という記述　できるラーメン力の範囲を記述
  - 麺の種類、最低必要レベル　〜麺Lv.3以上という記述
  - 具の種類、最低必要レベル　〜焼豚Lv.1以上という記述
  - 湯の種類、最低必要レベル　〜スープLv.3以上という記述
  - 作るのに必要な麺職人の技ポイント
  - 作るのに必要な麺職人の体力　麺職人技100以上　必要体力：25　というような記述
  - 作るのに必要な具職人の技ポイント
  - 作るのに必要な具職人の体力　具職人技100以上　必要体力：25　というような記述
  - 作るのに必要な湯職人の技ポイント
  - 作るのに必要な湯職人の体力　湯職人技100以上　必要体力：25　というような記述
- **合作ラーメンの修正**
  - 表記する内容が多くなるため、麺具湯別の攻撃力表示をなくし、どのカテゴリのモンスターにも有効、という方法に修正

2011/11/24　　　　　　ゲームシステム概要 Ver.0.10　　　　　　3

全国制覇ラーメン王

New! What's New! ver010

- **ラーメンの材料を職人が作る！　麺、具、湯のレシピ！**
  - ラーメンを作るだけでなく、麺、具、湯も食材から職人が作り出すシステム！
    レシピと食材とミニゲームで、高レベルの材料を生み出す！
    課金でミニゲームをパスしたり、高レベル材料を直接購入（ガチャ方式）できる要素も。
  - 麺、具、湯レシピもラーメンレシピと同じくカード形式（画像と説明文とレシピ情報を掲載）
- **麺レシピに表示するレシピ情報！**
  - 食材の指定
  - 麺職人レベル
  - ゲームの種類：麺を打て！（一定時間iPhoneを振って麺を打つミニゲーム）
- **湯レシピに表示するレシピ情報！**
  - 食材の指定
  - 麺職人レベル
  - ゲームの種類：アクを取れ！（リアルタイムで数時間かけて、ときどきアクを取るミニゲーム）
- **具レシピに表示するレシピ情報！**
  - 食材の指定
  - 麺職人レベル
  - 調理法の種類：炒 or 煮
  - ゲームの種類：　炒の場合：　炒めろ具！（iPhoneを中華なべに見立てて振るミニゲーム）
    　　　　　　　煮の場合：　煮こめ具！（リアルタイムで数時間かけて、ときどきアクを取るミニゲーム。湯と同じ）

2011/11/24　　　　　　　ゲームシステム概要 Ver.0.10　　　　　　　　4

全国制覇ラーメン王

- **概略**

  ラーメン勝負をして、各地のラーメン王を倒していくバトルゲーム

- **ラーメン勝負とは**

  ラーメンに注ぐ愛情を表す"ラーメン魂"
  作ったラーメンを相手にぶつけ相手の"ラーメン魂"を0にすれば勝利！
  攻撃に使うラーメンは事前に用意しても良し、戦闘中に作っても良し！
  麺、具、湯（タン）の3つの技術に魂を込め、完成度の高いラーメンを目指すも良し、
  稀少具材を集め、至高のラーメンを目指すもまた良し！
  秘伝のレシピを探し、作り出し、最強の一杯で勝負だ！
  "ラーメン魂"は仲間の応援や支援カードで回復もできる！
  仲間と協力して、全国制覇を目指せ！

2011/11/24　　　　　　　ゲームシステム概要 Ver.0.10　　　　　　　　5

全国制覇ラーメン王

メイン要素 ラーメン勝負要素

- レシピと具材の組み合わせ、最高のラーメンを作れ。

- ラーメンの具材はモンスターを倒す、発見する、買うことで手に入る。

- 同じ具材でも、ランクがあり、高ランクの具材を使えば高い攻撃力のラーメンができる。
  レシピを入手すると、新たなラーメンを作ることができる。
  レシピは具材と同じように手に入れられるほか、
  麺、具、湯の職人レベルがあがる時、生み出されることもある。

- 麺、具、湯の職人技。それは麺技、具技、湯技と呼ばれる。
  それらの技ポイントは、勝負中に一時的に上げることも、
  モンスターを倒して手に入れた技ポイントで恒久的に上げることもできる。

全国制覇ラーメン王

サブ要素 お店経営要素

- ラーメン王を倒すと、その地区にお店を出店できる。

- 売り上げが上がると、お店が大きくなる！ New!

- その地区にはその地区のトレンドがあり、時とともにトレンドも変化する。
  トレンドにあった品揃えが売り上げアップにつながる！

- お店にラーメン王が挑戦してくることもある。
  挑戦を受けると、ラーメン勝負開始！
  　→ラーメン王が勝つと、その地区を失う。
  　→ラーメン王に勝つと、撃退できる。
  挑戦を避けることもできるが、避け続けると売り上げ減少。

- お店にプレイヤーが挑戦して来る、する事もできる。
  挑戦を受けると、ラーメン勝負開始！
  　→負けても地区は奪われない。（課金対策）
  　→が、撃破したラーメン王の数が減る。
  挑戦を避けることもできるが、避け続けると売り上げ減少。

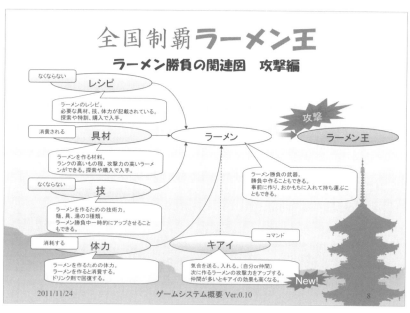

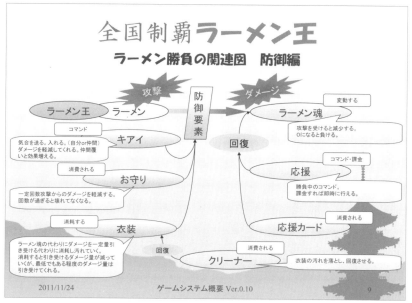

全国制覇ラーメン王
ラーメン勝負の流れ

- **勝負はターン制　双方同時にラーメンを出し合うイメージ**
  - プレイヤーのコマンド入力。
    パーティーの場合、全員が入力するか、一定時間が経過すると終了。
    もし、一定時間内に入力できなかった場合は、自分へのキアイが選択されたと見なす。
  - ラーメン王の行動決定
  - 勝負演算処理
  - 結果表示
    同時にラーメンを出すイメージ。ラーメン魂の変化を見せる。
  - 戦闘終了判定
    戦闘終了でなければ、プレイヤーのコマンド入力にループ
- **ラーメン王の行動決定と勝負演算処理**
  - これをサーバー側で行うのか、P2Pを使いクライアント側で行うのかで、実装方法がかなり変わります。
  - 仕様作成前にこのあたりを決定しておく必要があります。

2011/11/24　　　　ゲームシステム概要 Ver.0.10　　　　10

全国制覇ラーメン王
ラーメン勝負 お店編

- **お店に挑戦！そのラーメン勝負の行方は！？**
  - 他のプレイヤーのお店に挑戦してラーメン勝負ができる！　勝って下のものを手に入れろ！
    - その都道府県への出店権
    - 対戦相手の技ポイント合計に応じた技ポイントが手に入る(対戦相手が失うわけではない)
    - 相手がラーメン勝負に使った具材
  - 負けて失うのは、勝負に使ったラーメンのみ！　ラーメンを用意して挑戦だ！
- **挑戦を受けるか！　お店側の対応で状況が変わる！**
  - 挑戦をうけない選択もアリ！　だが挑戦を避け続けるとその店の評判が下がり売り上げが減少していく！
  - 挑戦を受けたら、勝って下のものを手に入れろ！
    - 評判アップで一定期間、お店の売り上げが上昇。高いラーメン力のラーメンを撃破する程あがる！
    - 相手がラーメン勝負に使った具材
  - 負けて失うのは、使ったラーメン！　評判もちょっと下がって売り上げが少し減少。
  - 負け方にかかわらず失う評判は一定。その効果も一定期間。気楽に挑戦を受けても良いかも。
- **勝負は、互いに1杯のラーメンを用意！
  勝負開始までどんなラーメンが出てくるか分からない緊迫感！**
- **ラーメン勝負には、その土地のトレンドが影響する！　地の利を活かせ！**
- **勝負は1対1のタイマン勝負！　仲間の支援は一切なし！**

2011/11/24　　　　ゲームシステム概要 Ver.0.10　　　　11

全国制覇ラーメン王
仲間とパーティーについて

- **仲間を増やし、パーティーを組んで、冒険に出かけよう！**
  - 仲間を集めよう！冒険に出かけるパーティーは仲間を呼んで編成しよう！
  - パーティーはあらかじめ3人パーティーを組んでおく事もできるし、後から仲間を呼んで組む事も出来る。
  - 仲間に出来る数の上限は職人レベルが上がるほど増えていくぞ。
- **仲間はこう集めろ！**
  仲間は両方のプレイヤーが認めてはじめて仲間になる。
  - 仲間募集コマンドで集める！
  - 仲間募集している人と仲間になる！
  - システムが紹介してくれる人と仲間になる！
- **仲間を組むメリットはコレだ！**
  - 仲間が多いほど、その友情パワーでキアイの威力がアップ！
  - アイテムのやりとりができる！

全国制覇ラーメン王
全国制覇への道

- **はじめは1店舗から　ラーメン王を倒し、経営力を上げてお店を増やそう！**
  - ゲーム開始時に出店する場所を選ぶと、そこに本店ができる。
  - ラーメン王を倒すと、その都道府県に出店できる「権利」が手に入る。
    経営力がアップすれば、「権利」のある場所に出店できる！
- **他のプレイヤーと「提携」して、経営力アップ！**
  - 他のプレイヤーと提携すると、プレイヤーの経営力がアップする！
    アップする経営力は、提携した相手の技ポイント合計が多いほど高くなる！
- **手っ取り早くNPCと提携して、経営力アップ！**
  - 課金NPCと提携しても経営力はアップする！
    高額NPCは技ポイント合計も高い！　一定期間で提携が切れるものもあるぞ！
- **尽きぬ野望、全国制覇のその先へ！**
  - 店の利益が増せば、お店は大きくなっていく！
    5席から始まり、10席、50席、100席、200席と大きく育っていく！
  - お店は都道府県にまずは1店舗。全国制覇したら、お店を大きくする、2店舗目を増やす、野望は尽きない！

全国制覇ラーメン王
ラーメン王でのソーシャル要素

- 勝負中はテンポ良くゲームを進めるために、
  コマンドでのコミュニケーションは簡易なものを用意！
  下のような定型のメッセージをパーティー全員に送信してラーメン勝負をで盛り上げよう！
  - ラーメン魂回復頼む！
  - 衣装回復頼む！
  - ホンキ出す！
  - キアイを頼む！
  - まったりと攻撃！
  - 合作ラーメンだ！
  - 事前に設定したメッセージ（戦闘に入る前にあらかじめプレイヤーが用意したメッセージ）
- パーティーだけでなく、他の仲間にもメッセージを送って助けてもらおう！
  - ラーメン魂回復頼む！
  - キアイを頼む！

2011/11/24　　　　　　ゲームシステム概要 Ver.0.10　　　　　　14

全国制覇ラーメン王
パーティーについて

- パーティーを組むメリットはコレだ！
  - レシピはパーティー全員のものから選べる！
  - 合作ラーメンが作れる！
- パーティー用のコマンド！
  - 「冒険にいく仲間募集」募集したプレイヤーがまずリーダーに。これは拠点専用。
  - 「リーダーになる」リーダー交代用のコマンド
  - メンバー間の話し合いには、パーティー内の掲示板（もしくはチャット）を利用
  - アイテムをあげる
  - パーティーから抜ける（リーダーの場合は、解散する）
- 移動先の指定はリーダーが決定
  - 募集する時に明示するか、パーティー内の掲示板（もしくはチャット）で協議して決めることを想定
- 仲の良い仲間を記録
  後でパーティーを組むときなどに便利な機能。

2011/11/24　　　　　　ゲームシステム概要 Ver.0.10　　　　　　15

全国制覇ラーメン王
合作ラーメンについて

- **パーティーを組んで合作ラーメンを作ろう！**
  - 麺職人は麺を、具職人は具を、湯職人は湯を持ち寄り、力合わせて作る合作ラーメン！その攻撃力は強力だ！
- **合作ラーメンの作り方**
  - 1ターン目
    合作ラーメンのレシピと食材をリーダーが指定。リーダーのターンはこれで終了。
  - 2ターン目
    合作ラーメンのレシピが他の職人に明示される。
    リーダー以外の職人が、1ターン目で選択された合作ラーメンのレシピを選択し、レシピの材料を担当のものを選択。これでその職人のターン終了。
    職人が合作ラーメンでなく、別のラーメンを作ることもできる。
    2ターン目はリーダーも別のラーメンを作ることができる。
  - レシピに揃っている材料が明示され合作ラーメンが完成していく様子が分かる。
  - 麺、具、湯の3つが揃うと完成。完成したターンの攻撃として使われる。
- **ラーメン力　それはラーメンの攻撃力**
  - 基本となるラーメン力（ラーメンの攻撃力）が高い
  - コラボ効果

New! 3職人のコラボ効果で、どのカテゴリのモンスターにも有効！
コラボ効果を発揮する為、合作ラーメンのレシピには作ることができる職人レベルが指定されている。

全国制覇ラーメン王
ラーメン王での一般的ソーシャル要素

- **拠点で行えるソーシャル要素！**
  - ダンジョンの探索中や戦闘中は行えないから注意！（パーティー内の掲示板を除く）
  - 共通の掲示板、ジャンルがあればそれ毎の掲示板。
  - 仲間募集、仲間になる
  - 仲間へのパーティー募集
    - 特定のプレイヤーの募集（知りあいとパーティーを組む場合など）
  - ランキング
  - ラーメン職人名鑑（参加プレイヤーDBから、職人タイプ、レベル、などの情報から検索できる）
  - メール機能
    - 他の職人にメールを送れる
    - メールブロック機能　メールを拒否する機能
  - オークション
  - パーティー内の掲示板（もしくはチャットシステム）は探索中も行える。
    戦闘中は次のページの簡易メッセージを使おう。

全国制覇ラーメン王
ゲームを繰り返しプレイさせる仕組み1

- 1日1回、決まった時間に抽選を行い、アイテム一つがプレイヤーにポストに届きます。
- ポストに入ったアイテムは、次のアイテムがポストに入れられると、なくなります。
  →こうする事で、定期的にアクセスすると良いという印象を与えます。
- iPhoneであれば、アイコンに数字が付く方法などでプレイヤーに通知します。
  何が手に入るかはゲームにアクセスしないと分かりません。

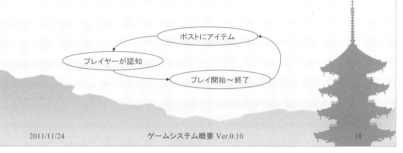

2011/11/24　　　　　ゲームシステム概要 Ver.0.10　　　　　18

全国制覇ラーメン王 検討中
ゲームを繰り返しプレイさせる仕組み2

- また、スープを作る工程を、実時間とリンクさせ、ある程度のタイミングでアクを取る、という事を強いることで、定期的にアクセスさせることができます。(時間のある無料用)
- もちろん、この手順は課金によって割愛できるようにします。
- 課金は2段階で、アク取り自動化(代わりにやってくれる)アイテムと、時短アイテムです。
- アク取り自動化は、一定時間後に自動的にスープが出来上がる仕組み。
- 時短アイテムは、スープに加えることで短時間でスープが出来上がる仕組み。
- この仕組みは、ゲームの追加要素やプレイヤーの成長段階で加えていくという手法もありだと思います。
  はじめは出来合いのスープを具材として用意し、スープを作れるようになると、
  この仕組みが導入されるという流れになると思います。

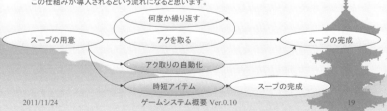

2011/11/24　　　　　ゲームシステム概要 Ver.0.10　　　　　19

全国制覇ラーメン王
レベルアップと職人について

- **レベルアップの大まかな流れ**
  - 拠点から冒険に出発し、モンスターを倒すと技ポイントが手に入る。
    （このポイント入手の入手率をアップさせる課金アイテムを用意。特定回数で壊れるお守りのようなもの）
  - 拠点に戻って、得た技ポイントを麺技、具技、湯技に割り当てると、レベルアップのチャンス！
- **職人と職人レベル**
  - 麺職人、具職人、湯職人の3種類！
  - レベルは、職人としてのレベルを示すもの。麺職人Lv.10というように表される。
  - 麺職人なら、麺の技ポイントが10を超えると麺職人 Lv.2というようにレベルアップ！
  - レベルアップするときに、新しいレシピを思いつくことがある！
    思いつくレシピもどの職人かで傾向が変わる！
- **転職**
  - 麺職人から具職人へ変わることもできる。拠点で行える。
  - その時の具魂の値で、具職人としてのレベルが決まる！
- **職人の特徴**
  - 麺職人はレベルの高い麺の具材を入手しやすいというように、
    各職人の長所を伸ばすようなアイテムを入手しやすい。
  - 高級麺素材や麺の持ち味を生かすレシピの入手など。
    （勝負での効果は次のモンスターについてを参照）

2011/11/24　　　　　ゲームシステム概要 Ver.0.10　　　　　20

全国制覇ラーメン王
モンスターについて

- **モンスターのイメージ**
  - 雑魚として登場するモンスターは、ラーメン作りに思いを残した魂魄がレシピや具材に宿ったもの。
  - ラーメン魂を0にすると、「このレシピを託そう」という感じでドロップアイテムを残し消え去る。
- **モンスターのカテゴリ**
  - モンスターは、麺鬼（メンキ）、具鬼（グキ）、湯鬼（タンキ）の3種類
- **モンスターのカテゴリと職人**
  - ラーメン魂は、ある意味プライドのようなもの。相手の自慢のものをそれを上回るもので倒す
  - 麺鬼には高いレベルの麺を使ったラーメンが、具鬼には高級な具を使ったラーメンが、
    湯鬼には高度に生成されたスープを使ったラーメンが有効だ。
  - それと同じように、麺鬼には麺職人の作ったラーメンが効果がある。
  - もちろん、麺鬼のラーメンも麺職人のラーメン魂を削る諸刃の剣。
    だが、仲間がいれば、仲間のサポートを受けて有利に戦えるぞ！

2011/11/24　　　　　ゲームシステム概要 Ver.0.10　　　　　21

全国制覇ラーメン王
New! ラーメンレシピについて

- **ラーメンレシピに表示する情報!**
    - ラーメンレシピは、カードとして存在し、カードに下の情報が記載されています。
      ゲームシステムとしては、下のとおりですが、ラーメン画像、ラーメン説明文などがあるとより良いと思います。
      (ラーメン画像に湯気のエフェクトなど)
    - ラーメンの名称
    - ラーメンのカテゴリ 麺、具、湯のどれか。マークなどで現すのがよさそう。
      ラーメンカテゴリが麺なら、麺鬼に有効、という意味になります。
    - 作るのに必要な技ポイント ラーメンカテゴリが麺なら、麺の技ポイントとなる。麺の技100というような表記。
    - ラーメン力:100～150＋職人ボーナス30 という記述で、できるラーメン力の範囲を記述
      ＋30は、ラーメンカテゴリが麺で、麺職人が作った場合というように同じ場合に加算されるボーナス値の最大値
    - 麺の種類、最低必要レベル ～麺Lv.3以上という記述
    - 具の種類、最低必要レベル ～焼豚Lv.1以上とう記述
    - 湯の種類、最低必要レベル ～スープLv.3以上という記述
    - 必要な体力 体力:24とか

全国制覇ラーメン王
New! ラーメンレシピについて

- **合作ラーメンレシピに表示する情報!**
    - 合作ラーメンレシピも、カードとして存在し、カードに下の情報が記載されています。
      ゲームシステムとしては、下のとおりですが、ラーメン画像、ラーメン説明文などがあるとより良いと思います。
      (ラーメン画像に湯気のエフェクトなど)
      合作ラーメンレシピはキラカードのような普通のラーメンと違うカードのイメージが必要だと思います。
    - 合作ラーメンの名称
    - ラーメンのカテゴリ 麺、具、湯のすべて。どのカテゴリのモンスターにも有効！
    - ラーメン力:200～250 という記述 できるラーメン力の範囲を記述
    - 麺の種類、最低必要レベル ～麺Lv.3以上という記述
    - 具の種類、最低必要レベル ～焼豚Lv.1以上とう記述
    - 湯の種類、最低必要レベル ～スープLv.3以上という記述
    - 作るのに必要な麺職人の麺の技ポイント
    - 作るのに必要な麺職人の体力 麺職人技100以上 必要体力:25 というような記述
    - 作るのに必要な具職人の技ポイント
    - 作るのに必要な具職人の体力 具職人技100以上 必要体力:25 というような記述
    - 作るのに必要な湯職人の技ポイント
    - 作るのに必要な湯職人の体力 湯職人技100以上 必要体力:25 というような記述

全国制覇ラーメン王

New! ラーメンレシピについて

- **ラーメンの材料を職人が作る！ 麺、具、湯のレシピ！**
    - ラーメンを作るだけでなく、麺、具、湯も食材から職人が作り出すシステム！
      レシピと食材とミニゲームで、高レベルの材料を生み出す！
      課金でミニゲームをパスしたり、高レベル材料を直接購入（ガチャ方式）できる要素も。
    - 麺、具、湯レシピもラーメンレシピと同じくカード形式（画像と説明文とレシピ情報を掲載）
- **麺レシピに表示するレシピ情報！**
    - 食材の指定
    - 麺職人レベル
    - ゲームの種類：麺を打て！（一定時間iPhoneを振って麺を打つミニゲーム）
- **湯レシピに表示するレシピ情報！**
    - 食材の指定
    - 麺職人レベル
    - ゲームの種類：アクを取れ！（リアルタイムで数時間かけて、ときどきアクを取るミニゲーム）
- **具レシピに表示するレシピ情報！**
    - 食材の指定
    - 麺職人レベル
    - 調理法の種類：炒 or 煮
    - ゲームの種類： 炒の場合： 炒めろ具！（iPhoneを中華なべに見立てて振るミニゲーム）
      煮の場合： 煮こめ具！（リアルタイムで数時間かけて、ときどきアクを取るミニゲーム。湯と同じ）

全国制覇ラーメン王

パラメータ関連ほか

- **勝利条件**
    - 相手のラーメン魂を0にすること。相手が複数いる場合は全員のラーメン魂を0にすること。
    - 味方が複数いる場合は、全員のラーメン魂が0になると負けになる。
- **攻撃**
    - 攻撃するラーメンと相手の相性で、ダメージ量が決まる。
    - ラーメンは、レシピと材料で作る事ができる。攻撃する時に作る事もできるし、
      あらかじめ作っておく事も出来る。
- **ラーメン魂**
    - ラーメン勝負を決めるパラメータ。これが0になると負ける。
- **防御**
    - お守り 精神力の防御アイテム
    - まえかけ等の衣装類
- **レシピ**
    - ラーメンを作るためのレシピ。具材の指定、技の最低能力値、体力が指定されている。
    - これが無いとそのラーメンを作ることはできない。

      技、体力などは次のページを。

全国制覇ラーメン王
パラメータ関連ほか

- 体力（**ラーメン作成の人的リソース**）
  - ラーメンを作るのに必要。作るラーメン（レシピ）毎に異なる。
  - ラーメンを作る毎に減っていく。回復できる。
- 技（**ラーメン作成の人的リソース**）
  - ラーメンを作るのに必要。麺技、具技、湯技の3種類がある。
  - 勝負の最中アップダウンする。
  - 作るラーメン（レシピ）毎に最低必要な技ポイントが決まっている。
  - 高いほどできるラーメンの攻撃力があがる。
- おかもち
  - あらかじめ作っておいたラーメンを入れる事ができる。個数制限あり。
- 回復
  - 応援カード 消費アイテム、ラーメン魂の回復
  - パーティーからの応援 通常のコマンドと課金による即時コマンドの2系統。
  - ドリンク剤 体力回復。
- 特殊攻撃
  - 罵倒 ラーメン勝負中、技を鈍らせる。
- 補助
  - 誉れ ラーメン勝負、技の切れが増す。

2011/11/24　　　　　　　ゲームシステム概要 Ver.0.10　　　　　　　26

全国制覇ラーメン王
世界関連など

- **プレイヤー世界**
  - プレイヤー一人ひとりの世界。
  - イベントやパーティーを組む場合や、
  - ラーメン王の登場情報は全プレイヤーで共有される。
- **お店**
  - プレイヤー世界で固有のもの。
  - 基本的にお店はすべてのプレイヤーが
  - すべての地区に出店することができる。
  - 課金プレイヤーの満足度は、その地区ランキングなどで満される。
- **ランキング**
  - 撃破したラーメン王の数
  - 保持している地区数
  - 売り上げランキング（地区別、全地区）

2011/11/24　　　　　　　ゲームシステム概要 Ver.0.10　　　　　　　27

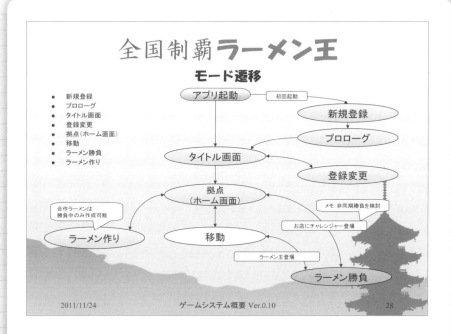

ゲーム企画の発想術

利波創造

PROFILE
◎著者／トナミ ソウゾウ：ゲームの企画・シナリオライター。文教大学情報学部でゲーム企画・コンテンツの世界観構築の非常勤講師。関わったゲームは、『ラーメン橋』『THE 推理』『THE 鑑識官』『THE 爆弾処理班』『ガリレオ』『魔人探偵脳噛ネウロ ネウロと弥子の美食三昧推理つき グルメ＆ミステリー』『ラジアントヒストリア』『天下統一★恋の乱』『宇宙恋記∞メビウス』『恋染軍師、両兵衛』『魔法少女大戦タクティクス』『ぼくらの七日間戦争』『エターナル・スターダスト』『Moe! Ninja Girls』『ワールドフリッパー』など。

発売後5年経ってもときどき誰かが思い出してネット上で話題にしてくれるゲームになれたら……

利波創造

はじめに

『ラーメン橋』は1999年10月7日、プレイステーションのゲームソフトとしてトミー（現在のタカラトミー）から発売されたゲームだ。

当時の業界の覇者ソニーは、プレイステーション2の発売日を翌年3月と公表し、プレイステーション1のタイトルは駆け込み的にリリースされる作品が多く、そんなタイミングでいわゆる「バカゲー」と言われる作品群がどんどん世に出た時期でもある。

僕は『ラーメン橋』の企画とシナリオを担当したが、結果的にディレクター的な業務の大半もすることになった。

開発前夜

1998年の1月頃。

当時所属していたメディア・エンターテイメントという会社の社長室に呼び出された。

社長の小川史生さんはゲーム音楽の世界ではかなり名の知られた方で、話の面白い楽しい方だった。

「先日、ソニーの偉い人と飲んで何軒かはしごしたあと、最後に締めのラーメンを食べながら、こんなうら寂しいラーメンのゲームだったら作ってもいいよ」という話になったという。

その企画書を作れと。

イラストレーターさんはもう決まっている。

雑誌に載っている彼のイラストを見せてもらう。人間の皺やシミを描き込んだタッチの人物画を描く方だ。

ただ、君だけじゃ不安だからというわけで、社外企画者の方と定期的に会いながら企画書づくりが始まった。

ゴーサインが出るまで

結果的に6回ぐらい大きく企画書を直した。

イラストレーターさんの絵と「うら寂しいラーメン」というお題に向かって試行錯誤が続く中、SCEのプロデューサーさんから、2つのサジェスチョンをもらった。

1つ目。

今の企画書はラーメン一杯一杯をアクションゲーム的に作るゲームになっている。実は社内ですでに開発が始まっているとある料理系ゲームにとても似ている。

アクションゲームでない方向に舵を切って欲しい。

ずいぶんあとになって、それは『ラーメン橋』より1カ月早く発売された『俺の料理』というゲームであることがわかった。

2つ目。

永遠に遊べるゲームにして欲しい。例を挙げると『ワールド・ネバーランド』みたいな。

はあ、わかりました。

と言って、再度の企画書の練り直しを約束し、赤坂見附のSCEを出た。

週末。当時、戸越にあったメディア・エンターテイメントの会議室でもう

　1人の企画者さんと次の企画書のための作戦会議をすることにし、ひとり会議室で待っていた。

　しかし現れないな……。と思いながら会議室のホワイトボードにゲームデザインのラフを書いていった。

　永遠に終わらないラーメンゲーム。たぶんそれは経営シミュレーションではない。参考資料として見た成功したラーメン屋のテレビのドキュメンタリーを思い出す。

　いずれもうまいラーメンを作れるという意味では成功者ではあるが、人生の成功者という意味では果たしてどうか。

　味にこだわりすぎて、自分にも他人にも厳しすぎて誰も付いてこれない者。

　成功したレシピの秘密を守るため、本来信頼するはずの従業員にさえもラーメンに入れている食材をオープンにしない者。

　ラーメンのアクは味の1つと言い張り、アクを取ることを頑なに拒否しつつも、多くの客や弟子さんに愛される者。

　ラーメン作りの味の部分は、先行する料理ゲーム『バーガーバーガー』のアイデアが参考になると思った。

　味の数値をユーザーに見せず、完成した料理はカラフルに見せる。そんなやり方で解決することになるだろうなと思いながら、一番肝心の永遠にプレイできる部分をどう設計するかに頭を悩ませる。

　ふと『たまごっち』が頭をよぎった。初代が出たのが1996年で、またたく間に社会現象になったキャラ育成ゲームである。

　基本的にはどんなふうに　"たまごっち"が育っていくかを楽しむ放置ゲーなのだが、そう言えば『シーマン』などもそういう放置ゲーだった。

　となると、このゲームで育てるのは何なのか。

　そうか、ラーメン屋の親父なのか!?

　堰を切ったようにホワイトボードにゲームフローを書き込む。

　ラーメン作りのイベントの起点はどうする？

　先行する作品でヒントになったのは、『デコトラ伝説』と『ディアブロ』（初代）だった。

　各話の構成感は『デコトラ伝説』のストーリーモードの紙芝居、1話単位でのシナリオの起動イメージは『ディアブロ』でお店の前にいるキャラに話しかけることで地下で起こるイベントのシナリオが始まるイメージだ。

　2時間ほど待っている間にホワイトボードのゲーム企画案は完成した。

　その後、ホワイトボードのコピーをもう1名の企画者さんの自宅にファックスし、電話で内容を説明した。

　これでいいかどうかはわからなかった様子だった。

　僕も正直わからなかった。

　週明け、社長の小川さんからも「これだよ！」という評価はなく、なんとなくソニーに提出したかしなかったか……。

　ただ数日後、突然、ゲームの発売元が SCE からトミーに変わったとの連絡があった。ソニーであれほどダメ出しのすえ通らなかった企画が、トミーに替わると同時にそのまま OK となった。

　拍子抜けと言っていいような開発ゴーサインであった。

　『ラーメン橋』については、最初に「いい企画だ」と言ってくれたのは僕が記憶する限り、のちに開発チームに加わった川本さんだった。

メンバー集め

　約半年間ほどの企画段階を経て開発のゴーサインが出て、ようやくスタッフ集めが始まった。

　ゲーム開発のプロデュース業務は、社長の小川さんが行った。

　まずは声優さん。

　『ラーメン橋』は圧倒的に声優さんの魅力を押し出すゲームになるはずだ。

　僕が最初に関わったゲーム『フリートークスタジオ』で、すでに声優さんたちがゲームを圧倒的に魅力的なものにするのは目の当たりにしていた。

　『ラーメン橋』は『フリートークスタジオ』の比ではないレベルで圧倒的な声優ゲームになるはずだ。というわけで、小川さんと関係の深い声優プロダクションさんが声優パートを一手に担うことになった。

　主役を演じていただいた銀河万丈さんだが、20代から70代まで5つの世代を演じわけるだけでなく、70代は最大7パターンの爺という、結果的にゲーム声優史上最難関の仕事になったため、これをやれるのは銀河万丈さんしかいないと小川さんが熱弁されていた覚えがある。

　ちなみに『ラーメン橋』というタイトルを決めたのも小川さんだった。

　「ラーメン」という言葉を入れた10案ほどのタイトル案を書き出して社長室へ持っていった。すると、そのどれでもない「ラーメン橋」というタイトルを小川さんが逆提案し、そのまま決定となった。

　主人公たちの住む街のイメージは、このタイトルから逆算して決まった。

　メインプログラマー、アートディレクターが決まる。

　シナリオには、僕以外にも数名入ってもらうことにした。自分1人ではワンパターンになるのを避けたかったからだ。

　1名は山田さん。シナリオ作協で一緒にシナリオを学んで以来の付き合いだ。

　それと笹木さんだが、彼は映画学校時代の先輩にあたる役者さんが笹木さんの劇団の舞台『はえお』に客演し、そのホンがあまりに素晴らしかったので、連絡先を聞いて声を掛けさせてもらった。

　ナレーション・パートは、講談師の神田陽司さんにお願いした。

　ゲーム内になんらかのナレーションが必要なのはわかっていたが、ゲームの企画がうら寂しい昭和的なゲームに形が決まる中、落語など日本の伝統芸能の話芸のプロの方から人選したいと思っていたら、ゲームのムック本に神田さんが『ときめきメモリアル』の記事を書かれていることを発見した。

　神田さんは雑誌の元編集者ということもあり、こちらが作成した神田さん向けの台本を講談師らしい調子に自身でリライトして演じてくださったのだ。ナレーション・パートは神田さんがいなかったら、たぶん今の完成度には到達できていなかっただろう。

　ほかにもドッター、ラーメンの味の内部ルーチンの設計担当と、スタッフは一気に増えにぎやかになった。

ゲーム開発

　そんな調子で開発が始まろうとしている中、ゲームの根幹を揺るがすような大きな仕様絡みの問題が起きた。

　シナリオ1話内ではセーブができない仕様の問題である。

　食材を集めても次のシナリオになれば、食材データはデフォルト状態にリセットされるということだ。

　結局、これについてはシナリオ側で対応できるアイデアで乗り越えることにした。つまり、各話で食材をほぼゼロから集める部分にゲーム的な面白さを持たせるアイデアだ。

　当初は街の人との会話は、シナリオ各話のサブタイトルが出たあと、街の中を秀蔵が移動できるようになって、軽いやりとりがあったのち、ムービー

になり「ラーメン作ってやるぜ」と芝居がある程度だった。

　それを街の人といろいろ話しながら、食材を入手する部分がゲームとしては不自然じゃないように組み込むことにした。

　低予算ゲームの開発ではありがちだが、声の収録スケジュールがまず先に決まり、それから逆算するように開発のスケジュールが見えていく。

　となると、食材入手のための街の人との会話パートは声の収録には間に合わない。とりあえず、各話の食材入手部分はすべて音声収録がないパートにしたうえで、収録が終わったあとも自分が開発のマスターアップまでの時間との戦いで作っていくしかない。

　参考までにシナリオのフローのイメージだが、当時、頭の中にあったのは『ディアブロ』の初代ゲーム。地上のマップ上に店が5軒ぐらいあって、そのどれかの店の前にいる人物と話すと、地下のダンジョンに降りていくためのシナリオが始まる。

　『ディアブロ』ではメッセージテキストが2、3タップ程度だが、こちらはそれを声優さんの熱演によるお芝居で見せる。お芝居のイメージについては、先行するゲーム『デコトラ伝説』も参考にさせてもらった。ただ、こちらも『ディアブロ』同様、音声はない。

　シナリオを制作する前段階として、各時代10話ずつ全50話採用するつもりで、ネタ出しのプロットを100本以上出し、全体のバランスを見ながら採用するものを決めた。

　感覚的には1話15分のラジオドラマを書くくらいの芝居感覚でシナリオを作成していった。

　そうやって作っていったシナリオなのだが、最初は自分が書いたものも含め、残念ながらどれもインパクトに欠けるものだった。各話でラーメンを作ることになる部分が、どれも普通に芝居が流れていてインパクトがないのだ。

　しかし、シナリオ執筆を止めるわけにもいかない。それでは収録には間に合わなくなるからだ。

　シナリオは制作を続けながら、こちらで突破するアイデアを考える。結果的に出てきたのが、「咲かせてみせるぜ、麺の華」の秀蔵ブチ切れムービーだった。

　考え方は『デコトラ伝説』の元ネタ映画『トラック野郎』の桃次郎と同じ。

　主人公はとにかく短気、別に理知的にラーメンを作るわけではない。とにかく、秀蔵のラーメン屋としてのプライドがえらく傷つけられ、ブチ切れ、理不尽なラーメンを作る展開へ強引になだれ込んでいくのである。

　初稿では、「今回はこんなお客さんだ」「この人が求めているこんなラーメンを作りましょう」という、割とまともなヒントも入れたシナリオを書いていたが、売り言葉に買い言葉でラーメン作ればいいわけなので、ドラマの質も大きく変わった。

　というわけで、各ライターさんが書いてきたシナリオが収録までに間に合うように、ブチギレ芝居を入れる方向で大きくリライトしていった。

　しかし、この仕様変更のおかげで、『ラーメン橋』が『ラーメン橋』足り得る大事なパートが入ることになった。

　各時代、全親父のパターンごとの「麺の華」ムービーである。

　これはCG動画作家としても並々ならぬセンスを見せていた企画者の棗田さんが渾身の力を振り絞って作ってくださった。

マスターアップ

　開発の終盤になるとさらに多くのスタッフが入ってきた。

　マスターアップまでの最後の1カ月は1日16時間ぐらい働いていただろう。当然のように軽く頭がおかしくなった。

　過去にもゲーム開発でのオーバーワークはいろいろとあったが、このとき

ほど「自分がしなければロクなゲームにならない」「自分が投げ出した時点で終わりだ」というプレッシャーが強くのしかかったことはない。

　アメリカの映画監督フランシス・フォード・コッポラは『ゴッドファーザー』製作時、「人生にはどんな苦労をしようとも勝たないといけない博打がある。この映画はまさにそれだ。そして、自分はその勝負に勝った」と言ったそうだが、このときの僕にとって『ラーメン橋』はまさにそれだった。

　こうして1999年の夏、企画スタートから1年半後、『ラーメン橋』はマスターアップを迎えた。

発売後

　ゲーム発売を間近に控えたある日、社長の小川さんはスポーツ新聞を自慢気に見せてくれた。そこには『ラーメン橋』の一面広告が載っていた。

　ほかに新横浜駅にあるラーメン博物館のラーメン屋さんが『ラーメン橋』とのタイアップで、『ラーメン橋』をモチーフにした東京風ラーメンを出してくれた。

　もともと新横浜駅ラーメン博物館は、『ラーメン橋』の町並みのデザインに多大な影響を与えたわけなので、タイアップしていただけるのはイメージぴったりではあった。

　『ゴッドファーザー』のようにコッポラの人生を一変させたような大ヒット……というほどではなかったが、当時出たバカゲーの中ではそれなりにインパクトを持った作品になった。

20 年後

　その後まもなく、僕はそのゲーム会社を辞め、3 年前にメディア・エンター
テイメントに入ったときと同じ就職情報誌で見つけたゲーム専門学校で、企
画シナリオの専任講師としてやっていくことになった。

　講師時代は平行してさまざまなゲームシナリオの仕事をこなし、9 年後、
専門学校の社員講師を辞めフリーランスとして独立、学校の元生徒さんの 1
人だった佐藤くんが設立した会社に合流するかたちで、シナリオ制作会社を
運営することになった。

　佐藤くんは僕が 2 年目で教えた生徒さんだった。入学時に書いてもらった
アンケートの好きなゲーム欄に『ラーメン橋』と書いていた奇特な人物である。

　つまり『ラーメン橋』を作らなければ、彼と一緒にシナリオ制作会社をや
ることもなかったということだ。

　『ラーメン橋』の開発中、漠然と目標にしていたのが、**発売後 5 年経って
もときどき誰かが思い出してネット上で話題にしてくれるゲームになれたら
いい**というものだったが、幸運なことに 20 年経過した今日でも、ゲームの
プレイ動画を誰かがネットに上げてくれる。

　もともとプレイし続けるのがだるい仕様のせいもあり、クソゲーなどと言
われたりもしているわけなのだが、昨今のネット動画配信時代、もりいさん
の唯我独尊のイラスト、声優さんたちの名人技級の話芸、棗田さんのブチ切
れ CG などは、動画で見ているだけなら素直に素晴らしいわけで、時代が幸
いしたとつくづく思う。

　僕にとっての『ラーメン橋』。

　ゲームの企画を通すことがとてつもなく難しいということを教えてくれた

作品。まだまだひ弱な頭でっかちだったシナリオライターの自分が、ようやくシナリオという武器を手に入れることになった作品。シナリオを1人で書かず、チームで書く流れを完全に掴ませてもらった作品（実際、『ラーメン橋』以降、ゲームシナリオを1人だけで書いた作品はほとんどない）。

　そして、結果的にはコッポラにはなれなかったかもしれないが、やはり自分にとって人生で一番勝負を賭けた作品。

　それが『ラーメン橋』です。

　以上です。

『ラーメン橋』ラフデザイン

オヤジの人生SLG

人生の選択…‥人間は
どこまで 落ちるのか?

料理人同士の意地を
賭けた 勝負.
勝てば 官軍. しかし, 勝つ
ためには 何をやってもいいのか?
オヤジ(= プレイヤー)の 人間性
が 問われる.

ゲームの目的

戦後, 日本の片隅の名も
ない料理人の手によって
世に送り出された 料理――
「支那ソバ」別名,「ラーメン」.
このゲームは, その誕生間
もない時代から 「ラーメン」の
世界の 最前線に立ちつづけ
た ひとりの男の 物語である.

こんな ゲーム です.

・ 東京の下町のよさを 残す
ラーメン屋の せがれとして 生まれた
主人公.
そんな 下町を 壊そうと やってくる
様々な 敵を 追っ払って, 下町の
街並を 残すのが ゲームの目的.

《 イベントの 流れ 》

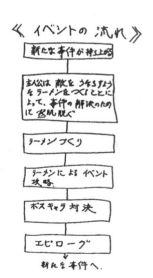

新たな事件が持ち上がる

主公は 敵を うちまかす
ラーメンをつくることに
よって, 事件の解決のため
に 客引き脱ぐ

ラーメン づくり

ラーメンによる イベント
攻略.

ボスキャラ 対決

エピローグ

新たな事件へ.

『ラーメン橋』ラフデザイン

下町人情SLG.

東京のとある下町商店街を舞台に、そこでジイさんの代からラーメン屋を営む主人公と地元の人々との人情物語がゲームの縦軸。

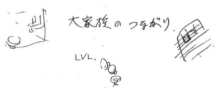

大家族のつまがり

LVL.

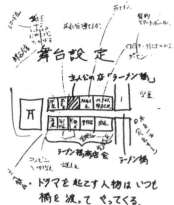

舞台設定

主人公の店「ラーメン橋」

ラーメン橋商店会　ラーメン橋

・ドラマを起こす人物はいつも橋を渡って やってくる。

・小さな商店街の盛衰記。

・主人公は その商店街のリーダー的存在。

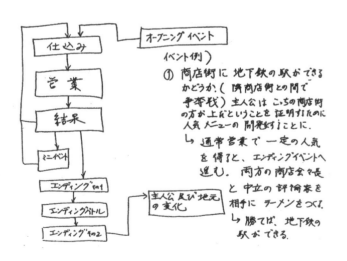

仕込み　→　オープニングイベント

営業

結果

ミニイベント

エンディングその1

エンディングバトル

エンディングその2　→　主人公及び地元の変化

イベント例)

① 商店街に 地下鉄の駅ができるかどうか。(隣商店街との間で予奪戦)主人公はこっちの商店街の方が上だということを証明するために人気メニューの開発好りに.

　↳ 通常営業で 一定の人気を得ると、エンディングイベントへ進む。両方の商店会々長と中立の評論家を相手に ラーメンをつくる。

　↳ 勝てば、地下鉄の駅ができる。

『ラーメン橋』ラフデザイン

② 商店街に地上げの波.
　敵は Ⓨ を使て 営業妨害.
　商店街から バッタリと 客足がとだ
　えた。
　主人公は 遠方からも 噂をききつけて
　食べに来るような ラーメンの開発を行う.
　商店街の命運は 主人公の腕に 賭けられた.

　　↳ 一定レベルに達すると エンディングイベント.
　　　進出予定の大手スーパーの会長も 食べに来れ.
　　　彼の鶴の一声で 進出計画は 白紙に
　　　戻る.

さまざまな人間
が 主人公の前に 現れた。

主人公は たえまざる精進を
つづけながら、 危機難局
　　　　を 退けてゆきます。

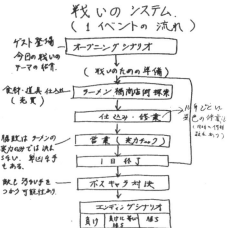

『ラーメン橋』ラフデザイン

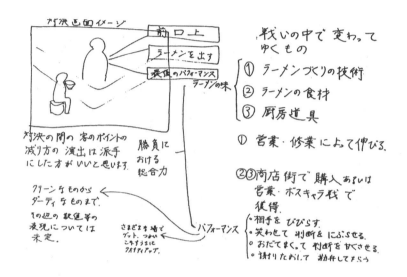

ACT. 4

30年前の新人プランナーから貴方へ

長山 豊

PROFILE

◎著者／ナガヤマ ユタカ：ゲームの企画・シナリオライター。ハドソン作品が多い。コンシューマー系。関わったゲームは、『イース4（PCE）』『空想科学世界ガリバーボーイ』『天外魔境第四の黙示録』『北へ。』『チョコボシリーズ』『パズドラZ』『てくてくエンジェル』『オルタンシア・サーガ』など。

ゲームプランナーは、ある意味「何でも屋」さん。だからこそ、誰でも目指すことができる。

長山 豊

ゲームプランナーってなんだろう？

　皆さんが今、手にしている『ゲーム作りの発想法と伝わる企画書の書き方』は、ゲームプランナー向けの本であると聞いています。

　では、『ゲームプランナー』とはなんでしょう？

　実はこの言葉、注意して使わないと誤解を生みやすいのです。

　まず、この「ゲームプランナー」という言葉は、日本でしか使われていません。海外では同じ内容の仕事が「ゲームデザイナー」と呼ばれています。しかし、日本で「ゲームデザイナー」というと、ゲームの絵を描く人という意味合いが強いので、ちょっとややこしいことになります。

　「別に自分は日本のゲーム会社で働きたいんだから、そんな言葉の定義の問題なんてどうでもいいよ」……と、思う方も多いかもしれません。しかし、最近はゲーム業界もワールドワイドになっていて、外国の人と一緒に働いたり、あるいは自分自身が外国に行って働いたり……という状況が当たり前になってきています。なので、せめて日本と海外とでは、ゲームを企画する人の呼び方が違うということぐらいは、頭の片隅に留めておいていただきたいのです。

　ゲームプランナーという言葉が、日本でしか使われていないという説明はしました。しかし、これだけでは、ゲームプランナーという職種についての定義としては不十分です。会社によっては、ゲームプランナー＝ゲームを企

・・・・・・・・
画する人ではない場合もあるのです。

　例として、以前、私が働いていた職場でプランナーと呼ばれていた人の仕事内容をまとめてみます。

　　Aさん　……プランナーの責任者。運営しているスマホゲームの予算を確保したり、全体スケジュールや改善点などを考える人。

　　Bさん　……広報との窓口。プレスリリースを監修したり、ときどきニコ生に出演したりもしている人。

　　Cさん　……シナリオと絵の監修。発注資料を作ったり、デザイン会社に請求書を送ったりしている人。

　　Dさん　……音響監督さんと相談しながら、声優さんのキャスティングや、ボイス関係の予算管理をしている人。

　　Eさん　……ゲーム内のユニットのパラメータを決めたり、ガチャの内容や確率などを決めている人。

　　Fさん　……ゲームのイベントを設計しつつ、「お知らせ」を書いてリリースしたり、Twitterに投稿したりする人。

　　Gさん　……ゲームのイベントを設計しつつ、デバッグ（不具合を見つける作業）をする人。

　……という感じで、Aさん〜Gさん全員が、ゲームプランナーと呼ばれています。つまり、この会社の場合、ゲームプランナーという言葉は「**絵とプログラムとシナリオ以外の現場仕事をする人**」というニュアンスで使われているのです。

　なぜこんなことになっているのか？

　ここから先は私の想像ですが……恐らく、ゲーム作りの歴史が大きく関わっているのだと思います。

　私は 1988 年に株式会社ハドソンに入社し、以後 30 年以上ずっとゲームの企画やシナリオの仕事をしています。しかし、新入社員だった 30 年前は、ハドソンという会社に企画という職種はなかったのです。

　当時のハドソンは主に、ファミコンや PC エンジンのゲームを作っていたのですが、「こんなゲームを作るぞ！」と企画や仕様を考えるのは、ほぼすべてプログラマでした。プログラマが中心となってゲームを作り、その人が苦手な絵や音楽の部分は、他の人たちが担当する……そんなスタッフ構成だった記憶があります。

　実際私は、当時の先輩から「お前は絵も描けないし、プログラムもできない。今後ハドソンで、どうやって働いていく気だ？」と、真面目に聞かれたことがあります。

　私はもともと『ドラゴンクエスト』シリーズに感動してゲーム業界を志したので「（ドラクエの作者である）堀井雄二さんみたいになりたいです！」と答えたのですが、「でも堀井さんは絵もプログラムもできるぞ？」と言われ、返す言葉がありませんでした。

　その後、ゲームがどんどん大容量化していき、その大容量を埋めるために企画やシナリオの仕事が分業化され始めました。この時代になって初めて、私のような「絵もプログラムもできない文系人間」の仕事が増えていったのです。

　……と、こんな感じで、「ゲーム企画者（プランナー）というのは、まだ歴史の浅い職種なので、定義が曖昧なままなのかな？」というのが、私なりのまとめです。

　なぜ私がこんなにゲーム企画者という言葉の定義について一生懸命語っているかというと、ゲーム企画者（＝プランナー）という言葉のイメージから、「独創的なアイデアをバリバリ出す人」だと思い込んでいる人が多いためで

す。もちろん、アイデアを出す/企画書をまとめる……などは、企画者にとって大事な仕事ではありますが、それだけをやっていたらゲームプランナーは務まらないのです。

　ゲーム企画者（プランナー）の仕事内容が多岐にわたるぶん、そのすべてを極めるのはほぼ不可能です。しかし、だからこそ、それぞれの得意分野を活かして、自分なりの「プランナー像」を打ち出していくことが可能な職種だと言うこともできます。
　数字に強ければデータ系のプランナーを目指せばいいし、シナリオが得意ならシナリオ系のプランナー。絵が好きならデザイン系のプランナー……と、やれることは無限にあります。でも一番大事なのは、**「今自分がどんな動きをすれば、プロジェクト全体が助かるのか？」**を判断して、瞬時に動ける反射神経だと思います。

それでも企画を出すのは大事

　これまでずっと、「ゲーム企画者だからといって、企画書ばかりを出すわけではない」ということを書き続けましたが、そうは言っても、企画を出すのは大事です。そして、ゲーム企画者をしていれば、1年に数回ぐらいは、自分の企画を提出するチャンスがやってきます。
　そのチャンスを活かすため、どのような発想法が必要なのか？
　そして、どのようなテクニックで企画書をまとめればいいのか？
　この点に関しては、皆さんもっとも興味のある部分だと思います。

　細かいノウハウなどに関しては、他の方が書かれた文章を読んでいただくくとして、私はとりあえず、今まで企画者をやってきたなかで、一番ヒットした『育成散歩計てくてくエンジェル』がどのようにして生まれたのかをま

とめてみようと思います。

　ちなみに、この文章は、当時（20年前）に『**てくてくエンジェル開発秘話**』として、公式ホームページに載せた文章をベースに加筆修正したものです。

『てくてくエンジェル』 開発秘話

① 『たまごっち』を超えろ！

「なんでウチで、こんな商品が出せなかったんだ!?」

1997年4月——

ハドソン開発室に、N専務の怒号が響いた。

　N専務の言う「こんな商品」とは、『たまごっち』のことである。

　1996年11月に、バンダイから発売されたこのキーチェーンゲームは、社会現象となるほどの大ヒットを記録していたのだ。

「長山！ お前、企画者なんだからなんか考えろ！」

　その矛先は、すぐに私に向かった。

「いえ。何を出しても他社の真似になります」

　これは、私なりに考えた結論だった。

　実際、この時点ですでに『たまごっち』のあと追いとして、猫を育てたり、恐竜を育てたり、宇宙人を育てたりするようなキーチェーンゲームが乱発されていた。そして、そのどれもが本家に勝っているとはいえない状況だった。

　今さら出すには時期が遅すぎるし、何より大ヒットした商品の類似品を出すのは、自分のプライドが許さない……そんな気持ちだった。

　しかし、この日のN専務は引かなかった。

「そんなことないだろ？ なんかあるだろ？ それを考えろよ!?」

そう言われて断り切れず、私はこう答えた。

「わかりました。それじゃ、ゴールデンウィークの宿題にさせてください」

こうして渋々引き受けたのが、この企画の始まりだった。

②『たまごっち』の欠点

「『たまごっち』に負けない新しいキーチェーンゲームを作れ！」

N専務からのオーダーに対し、私はまず、ライバルである『たまごっち』の研究をすることにした。

まず、絵が可愛い。小さな画面に映えるキャラクター作りがされている。キャラクターも多彩で、可愛い系のキャラが急に親父になったりという意外性もある。このあたりは、後発の「犬や猫を育てるキーチェーンゲーム」よりも明らかに優れていた。一度育成を始めたら、電源を切れることができないという仕様も、当時としては画期的だった。

一般的なゲームは、スイッチを入れてからゲームを遊び、遊び終わったらスイッチを切る。しかし、『たまごっち』は電源が切れないぶん、「プレイヤーがゲームを遊ぶ」のではなく、「ゲーム自体がプレイヤーの生活に入り込む」ような効果がある。これによって、本当にペットを育てているような実感や愛着が湧くのだ。

もちろん、これは欠点にもなり得る。一度でも『たまごっち』を育てた人はわかると思うが、プレイヤーの都合に関係なく、仕事中だろうと学校に行っていようと「ピーピー」鳴いてお世話を要求するのだ。これがペットを育成するというリアルさに繋がっているのだろうし、キーチェーンゲームという携帯できるゲームにぴったりの優れたコンセプトなのだとは思ったが、正直、私にはちょっと好きになれない仕様だった。

　その後、私は『たまごっち』を遊んでいる友人たちからも話を聞いてみることにした。

「テレビとかで話題になってると、ちょっと遊んでみたくなる」
「今、すっごいハマってる！」
「一生懸命育てても結局死んじゃって、あの時間を返してくれって気分になる」

　……と、人によって様々な意見が出た。
　いや、これは「人によって」ではなく、「遊んだ時間によって」ではないだろうか？
　つまり、「人気だから欲しい → 苦労して手に入れる → 苦労して手に入れたぶん、面白さにバイアスがかかる → ゲーム自体の面白さを楽しむ → お世話が大変で面倒になってくる → 飽きる」……という流れで遊ばれているように感じた。つまり、手間がかかるぶん、飽きるのも早いということだ。

　『たまごっち』の欠点はわかった。
　では、手間がかからない仕様にすればいいのかというと、そんなに単純な問題でもない。手間をかけるからこそ愛着が湧き、育成に熱中できる。苦労して育てたキャラを自慢したくて、口コミで広まる……というようなプラスの効果も無視できない。というより、こちらのプラス要素のほうが大きいと判断したからこそ、『たまごっち』は今の仕様になっているのだ。

　では、『たまごっち』を改良するとしたら自分ならどうするか？
　キャラクターはもっと多いほうが楽しいし、液晶はカラーにしたほうが見栄えがいい。画面ももっと広いほうがいい。
　ただ、これらを実現するためには、コストが上がってしまったり、電池寿

命が短くなってしまったりする。つまり、考えれば考えるほど、今の『たまごっち』は、よくできているのだ。

　すっかり煮詰まった私は、とりあえず1回、『たまごっち』のことを考えるのをやめることにした。

③ **デブ化**

　話はガラッと変わる。

　当時の私には深刻な悩みがあった。それが「デブ化」である。

　学生時代、57キロだった体重が、社会人10年目にして85キロになっていたのだ。10年間で約30キロの体重増……恐ろしい数字だ。

　原因はいくつかある。デスクワークのため、まったく動かない状況がずっと続いたこと。そして、転勤先である北海道の食べ物が、何もかもおいしいということだ。1年あたり約3キロの体重増……このペースで太っていったら西暦2001年には体重100キロになってしまう。焦った意を決して、妻にこう宣言した。

「週末、靴を買う！ そして月曜の朝からジョギングを始める！」
「理由は聞かないでくれ！」

　何かを始めようとするとき、まず形から入るのが私の悪い癖だ。

　実を言えば、ずっと以前にもジョギングを始めようとしたことがある。そのときに買った靴が確か下駄箱の奥に入っている筈だが、それを使う気にはなれなかった。

　私にとって大事なのは罪悪感だ。何かを始めるために財布に余計な負担をかけて、その罪悪感を継続のためのエネルギーに変えてゆく……。

「1万2000円……痛いぞ……特に今は給料日前だから致命的だ。」

「三日坊主で終わったら、1 日あたり 40000 円の出費だ。」
「これは止めるわけにはいかない！ 続かなかったら赤っ恥だ!!」

　こんな感じに自分を追いつめ、結局、私の早朝ジョギングは 3 週間ぐらい
続いた。

　ジョギングが続かなかった理由……それは捻挫だった。急に運動するとかえって体に悪いという見本のような話だ。
　私はしかたなく同じコースを歩くことにした。
　何の運動もしないよりはマシだろう……そう思って始めたこの運動が
「ウォーキング」という立派なスポーツなのだということを知ったのは、それからしばらくあとのことになる。しかし、情けないことに、この早朝ウォーキングもそう長くは続かなかった。
　理由はいくつかある。まず、ウォーキングは形から入りにくいこと。普通の服や普通の靴で始められるウォーキングは　何も買い揃えるものがない。歩数計を買うことも考えたが、1 日に歩いた歩数をただ数えるだけの機械にはそれほど魅力を感じなかった。
　何も買うものがないということは手軽な反面、やめてしまっても痛くないという弱点でもある。また、ウォーキングはほかのスポーツと違って「上達しない」という弱点がある。いつでもどこでも始められるという便利さは、今無理してやらなくても大丈夫という甘えを増長させることにもつながってしまう……。
　私はウォーキングの弱点を次々とあげつらっては、自分が続けられなかった理由付けをしていた。最大の理由である「意志が弱い」という点を棚に上げて……。

④ 天使のノック

結局、私には2つの問題が未解決のまま、頭の中でモヤモヤしていた。

1つは、N専務から出された「『たまごっち』に負けない新しいキーチェーンゲームを作れ！」という宿題。そしてもう1つは、自分自身が抱える「デブ化」の問題。どちらも深刻だ。

アイデアを考えるとき、私がいつもやっている「**儀式**」がある。……TVを消して、部屋の明かりを消して……外部からの情報を一切カットして、「考えている自分」を意識するのだ。

ゲーム企画者としてアイデアに詰まったとき、私はいつもこの方法で答えを出してきた。……いや、本当に大事なのはこの儀式自体ではなく、これをやったらいいアイデアが出るという「根拠のない自信」なのかもしれない。

この日も寝る前に、私はこの「儀式」を行った。他人の考えたこと、他人の言ってること、他人のやってること……それらをすべて取り除いて、自分の考えていることだけに集中する……。

（そういえば最近、歩いてないな……）

（やっぱり歩数計……買おうかな……）

（それはそうと専務の宿題……どうしようかな……）

「あっ！ くっつけちゃえばいいんだ！」

発想としては、あまりにもイージーなものだった。しかし、私にとってそれは「天使に頭の中をノックされたような」新鮮な衝撃だった。がばっと起き上がった私は、隣で熟睡していた妻を揺り起こした。結婚して4年になるが、こんなことをするのは初めてのことだった。

「あのね！ 歩数計と育成ゲームをくっつけるんだ！」
「それでキャラクターを歩いて育てる！」
「そしたらダイエットにもいいし、マネじゃない育成ゲームも作れる！」
「専務の宿題、これで OK じゃないかな？」

普段、寝起きの悪いはずの妻もすぐに話に乗ってきた。

「あっ！ それいいね！ それじゃ、明日すぐ歩数計買いに行こうよ！」

　それからしばらくのあいだ、私たちはこの「歩数計機能付き育成ゲーム」
について語り合っていた。

「TV で見たんだけど食事制限のダイエットは危険なんだって！」
「やっぱり歩くのが一番いいらしいよ」
「ゲーム感覚でウォーキングできる！ これがいいよね！」
「みんながこれ買ったら車の移動が少なくなるから環境にもいいよ！」
「プレイヤーとキャラクターが一緒に成長する育成ゲーム！」
「こんなのって今までなかったよね？」

　熱く語り合ったあと、　妻がポツリと。

「でも……そんなのウチの会社で本当に出せるのかな……」
「うーん……」

　そんな話をしながら、いつしか 2 人とも眠りについていた。

⑤ コンセプトシート

次の日、私は昨日の夜思い付いたアイデアを企画書にまとめることにした。

企画書に関して、私には1つの信念がある。それは**「本当にいい企画は、ペラ1枚でも伝わる」**というものだ。

その企画は、どういうものなのか？
何が新しいのか？
どこが面白いのか？

それらをまとめるだけなら、そんなに多くのページを割く必要はないはずだ。そもそも企画書のページ数が多いと、誰も読んでくれなくなる。このため、企画書の第1弾は、多くても3ページ以内（表紙を含めて）に収まるよう心がけている。

ただ、これを「企画書です」と言って提出すると、人によっては、枚数が少なくて手を抜いていると思われかねないので、その言い訳としてこの資料を**「コンセプトシート」**と呼ぶことにしている。

「本当にいい企画は、ペラ1枚でも伝わる」……これはあくまで、私自身の個人的な考えだ。

現在、ゲームはどんどん複雑になってきているので、そうじゃない場合も多いとは思う。でも、それでもなるべく枚数を減らして、本当に伝えたいことだけを伝える努力をすべきだ。そして、さらに極論すれば、「本当にいい企画は、1行でも伝わる」と言い切りたい。

今回の企画で言えば、以下の1行だ。

『たまごっち』＋歩数計

　この1行で、今回の企画内容がほぼ通じる。このわかりやすさは、この企画の強さでもある。

　ただ単純に2つのものを1つにしただけではない。くっつけることによって、それぞれの持つ弱点を補強することができ、1+1が3以上になる効果が期待できるのだ。以下に具体例を挙げてみる。

<『たまごっち』の欠点>

・ゲームとしては面白いが、手間をかけて育てても、クリアするとあとには何も残らない。

<歩数計機能を追加するメリット>

・手間をかけてキャラクターを育成すればするほど、ユーザー自身が健康になれる。

<歩数計の欠点>

・ただ数字が出るだけで味気ない。
・ウォーキング自体が単調なこともあり、本人のやる気がないと長続きしない。

<育成機能を追加するメリット>

・ユーザーのウォーキング達成度によってキャラクターが成長するので、達成感があり、継続へのモチベーションが上がる。

　……と、こんなふうに育成ゲームと歩数計を合わせることによって、欠点が克服され、新しいメリットが生まれている。

　もちろん、単純にAとBをくっつければいいというわけではない。

　その昔、某家電メーカーが「電子レンジ付き冷蔵庫」という商品を出したことがある。当時、「多くの家庭で電子レンジは冷蔵庫の上に置かれている」というデータがあったため、だったらいっそのことくっつけてしまおうという判断で商品化されたそうだ。

　しかし、これは驚くほど売れなかった。2つの家電をくっつけるメリットが何もなく、かつ、どちらかが壊れたら両方修理に出さなくてはならないという新しいデメリットが増えたからだ。

　A＋Bというのは、企画の王道パターンだが、ちゃんと考えて商品化しないと痛い目に遭うという例である。

　……という感じのことを考えながら結局、私はいつも通り、ペラ1枚のコンセプトシートをまとめ、N専務に提出した。

「専務！ これゴールデンウィークの宿題です」

　反論がくるのを覚悟していた。なぜなら、「キーチェーン付きのミニゲームを考えろ」というオーダーに対して、私の出した回答は「ちょっと毛色の変わった歩数計」だったからだ。

　「ふざけるな！」と怒られても文句は言えないし、何よりこんな売れるのか売れないのか予想もつかないモノを商品化するには、大きなリスクがあるからだ。

　しかし、N専務は即答した。

「うん。いいんじゃないか？ よし！ これ作るか！」
「へ？」
　あまりにもあっさりとOKが出て、かえって拍子抜けしてしまったくらいだ。念のため用意してきた「反論されたとき用の説得材料」は、すべてムダになってしまった。

⑥ 抵抗勢力

専務からの GO サインが出たことによって、開発は一気に進んだ。

プロジェクトリーダーの T さんは、ハードを作る会社の手配と窓口となる人のアサイン、ソフトを組むプログラマの指名をしながら、自らもウィンドウズ上で CPU をエミュレーションするソフトを作り始めた。まるで、このまだ構想すら固まっていない「歩数計機能付き育成ゲーム」を実現するためにはどうしたらいいのかが、正確に予想できているかのようだった。

いつもながら凄い人だなと思いながらも、こういう人がちゃんといることがハドソンというゲーム会社の強みなのだと感じた。

しかし、協力してくれたのはチーム内の人間だけだった。それ以外の人たちは、ほとんどがこの企画に対して批判的なことを言っていた。

「ゲーム会社が歩数計なんて出してどうするんだ？」
「面白さがまったくわからない」
「そもそもこれ、売れるのか？」

なかには私に対して「こういうオモチャは、売れないと在庫になるんだ。大量に売れ残ったら倉庫代だけでも馬鹿にならないんだけど、そうなったらお前、責任取れるのか？」と厳しい口調で詰め寄ってくる人もいた。営業と宣伝の偉い人たちが集まる会議でも、批判的な意見しか出なかったらしい。

それでも N 専務がごり押しして、なんとかプロジェクトを進めることができた。

私自身、この商品が売れるのかどうかは半信半疑だった。でも、絶対に自分が欲しい商品であることは間違いなかったし、自分と同じ気持ちの人はたくさんいるはずだという確信があった。

逆に、なぜこの商品の面白さをわかってくれる人が少ないのか？

それがずっと疑問だった。

これはひょっとしたら、私の伝える努力が足りなかったせいかもしれない。ただ、長く企画者をしていて感じることとして、「世の中には、新しい物に対して拒否反応を示す人が一定数いる」ということがある。

この企画も、新しいからこそ、前例がないからこそ、否定されたのかなと思うことにしている。

⑦ 救急病棟

企画を煮詰める段階になって、1つだけ真剣に悩んでいたことがあった。

それは、育成ゲームにありがちな「お世話」をどうするかについてだった。

手間がかかるから愛着がわくというのもよくわかる。しかし、「歩いて育てる」いうコンセプトの育成ゲームに、果たしてエサをあげたり、排泄物を処理したり、ミニゲームでご機嫌をとったりさせる必要があるのだろうか？

かといって、こういう育成ゲームの定番要素を取り去ってしまって本当にいいのだろうか？

企画者の仕事は、「決める」ことの連続だ。正しい選択をし続けないと、プロジェクトが迷走する。それだけ責任が重いし、常に不安だ。不安だからこそ、思い付いたことをいろいろ追加したくなる。引き算をすることが恐くなってくるのだ。

そんな中、予想もしていなかったことが起こった。旭川に住む義母が、くも膜下出血で倒れたというのである。

救急病棟の待合室……私は必死に『たまごっち』のボタンを押し続けていた。こんな状況で不謹慎なのは重々承知している。しかし、生死をわけるような大手術の最中に、『たまごっち』のキャラが「死んで」しまうのは縁起が悪すぎる……。

30過ぎの男が救急病棟の待合室で、必死になってミニゲームを遊んでいる図はかなり不気味なモノだったであろう……。

「私はいったい何をやっているのだ？」

自問しながらもミニゲームをやり続ける。

「ごきげんをアップさせないと……」
「そろそろエサをあげないと……」
「あっ！ 親戚の人が来た！」

12時間の手術が無事終わった。結果は大成功だった。しかし、その喜びの中、すっかり忘れられていた『たまごっち』のキャラは、気が付いたときには死んでいた。ヤツの墓を見ながら……そして、元気になった義母の顔を見ながら私は決心した。

「もうユーザーを振り回すような育成ゲームは遊ばないし、作らない！」

⑧ デザインワーク

コンセプトが固まった時点で、企画は何の問題もなく進めることができた。
　最初はぶよぶよした不定形生物で、ユーザーがきちんと歩けば2本足になり、ちょっとサボると4本足になり、もっとサボるとヘビのような生き物に成長する。そして、それぞれに「健康体」「通常体」「肥満体」のパターンがある。あらかじめユーザーが指定しておいた歩数のノルマを達成できないと、ゲーム内のキャラが太るという仕掛けだ。
　最終的には、羽根でも生やすか……こうなると他の育成ゲームよりも必然的に絵のバリエーションが増えてしまう。しかも画面が小さいぶん、キャラ

の表情や動きにセンスが要求される……そんなシビアな仕事ができるデザイナーは、社内にもそう多くない。

しかし、私の中ではキャラクターデザインをお願いする相手は決まっていた。Mさんである。私はMさんとその上司に掛け合い、最終的に31体のキャラクターを描いてもらった。

もう1つ決めなければいけないことがあった。外観デザインだ。

常に持ち歩くものであるため、これもセンスの良さが勝負だ。

デザインは社内のデザイナーから募集した。20点ほど集まったデザインの中から、生産コストや強度などに問題のあるものを除外する。その後、社内の女性デザイナーの多数決を取り、最終的には私の妻のデザインが採用された。

⑨ネーミング

ネーミングもなかなか決まらなかった。

最初、私は『てくてくテイク』という名前を考えた。

「ユーザーがてくてく歩いて、キャラも一緒につ連れていく(Take)……韻も踏んでるし、結構いいと思うんですけど……」

しかし、このネーミングに専務が難色を示した。

「オレは江戸っ子だから、『て』の音が重なり過ぎるとうまく発音できないんだ。それと、商品の名前がキャラの名前を表しているような感じにならないか?」

確かに、キャラの名前は便宜上「二足幼年健康」とか「無足青年肥満」とか、味気ない呼ばれ方をされていた。

121

こいつら全体の名前は……何だ？

最初はぶよぶよの不定形生物で……最終的には羽根が生えて……。

「そうか！ 不定形生物のジェル君が成長して、エンジェルになればいいんだ！」

こうして育成散歩計『てくてくエンジェル』のネーミングが決定した。

これに併せて各キャラの名称も「みみジェル」「でぶジェル」「まどもあジェル」などと、語呂合わせをしていった。

⑩発売日

1997年12月18日。私たちはついに、『育成散歩計てくてくエンジェル』の発売日を迎えることができた。

私がN専務に、ペラ1枚のコンセプトシートを提出したのが5月頭なので、それから約半年で発売できたのだから驚異的なスピードだ。しかも私を含めてスタッフのほぼ全員が、家庭用ゲーム機「ドリームキャスト」用のゲーム『北へ。White Illumination』の開発と掛け持ちで働いていたのだ。

実際、凄く忙しかったけど、そのぶんやりがいがあった。何より楽しかった。

私の身体にも変化があった。

『てくてくエンジェル』を研究するため、半年間ずっとウォークングを続けたことで、体重が9キロ減ったのだ。専務からの宿題と体重増。この2つの問題が一気に解決したのである。

苦労した甲斐もあって、『てくてくエンジェル』は最終的に200万個を超えるヒットとなった。『たまごっち』ほどではないが、発売直後は品薄が続き、テレビや週刊誌などでも話題になった。

さらに嬉しかったのは、『てくてくエンジェル』の発売後、任天堂やエニッ

クス、バンダイなどの大メーカーから歩数計ゲームが出たことで、やはり自分の企画は間違っていなかったと再認識ができたことだ。そして、さらに嬉しいニュースが届いた。『てくてくエンジェル』が、この年の日経優秀商品サービス賞を受賞することとなったのだ。

授賞式は都内の某ホテルで行われ、私も参加することとなった。特別審査委員は、デザイナのHさん。特別審査委員長は、作家のK先生だった。

授賞式での私の仕事は、このお二人に商品の説明をするというものだった。

最初は、デザイナのHさん。すごく上品な女性で、『てくてくエンジェル』を見て「素敵なデザインね」とお褒めの言葉を頂いた。これに気を良くした私は、作家のK先生に商品をプレゼンしようとしたのだが……先生は私の顔を見るなり、こう怒鳴ったのだ。

「こんなもの私は、とっくの昔に思い付いていた!!!」

私に向かって指を突き出しそう言うと、プリプリと肩を怒らせながら去っていってしまった。唖然とする私。これは本当に衝撃的だった。テレビなどでよく顔を見るK先生に、いきなり怒鳴られたのだ。

やがて私にも、ふつふつと怒りが湧いてきた。

「な、なんなんだ？ あのジジイ!!」

アイデアは、思い付いただけでは何の意味もない。そのアイデアを実現させる方法を考えて、きちんと世に出す。これを行って、初めてアイディアは形となるのだ。

私は私なりに、実際にウォーキングについて研究をして、それを補助するために最適な仕様を考え、1つの形にしたという自負がある。

私だけではない。デザインやプログラム、それにハードウエア……それぞ

れのスタッフがプロの仕事をしたからこそ、半年という短期間で商品化ができたのだと思う。

　これは小説だって同じではないだろうか？

　例えば「日本が沈没する」というアイデアを思い付いたとする。この設定に対し、「いかにリアリティを出せるか？　いかにドラマチックな物語を構成するか？　……それが作家としての腕の見せどころなのだと思う。その技術が素晴らしいからこそ、あの本は名作となり、大ベストセラーとなった。ただ単に思い付いただけではないはずだ！」と、当時はもの凄く腹立たしい気持ちだったのが、この先生も、もうとっくの昔に亡くなってしまった。今となっては、懐かしいような誇らしいような気持ちでいる。

　『てくてくエンジェル』発売後、ハドソンに1通の手紙が届いた。若年性糖尿病の娘さんを持つお父様からの感謝のお手紙だった。若年性糖尿病は、毎日きちんと歩かないと症状が改善しないのだそうだ。今までは嫌々歩いていたのだが、『てくてくエンジェル』を手にして以来、毎日楽しく歩くようになったのだという。

　この手紙を読んで、私は号泣した。そして、続編である『てくてくエンジェル Due』の企画書を作り始めた。これがゲーム企画者として、自分のできる最大限の恩返しだと思ったからだ。

　たくさんの人を笑顔にして、ときに感動させる……ゲームには、そういうすごい力がある。

　余談だが、その後、N専務からこんな話を聞いた。

　『てくてくエンジェル』のヒットを見て、某大手歩数計メーカーの社長が、社員に向けてこう怒ったのだそうだ。

「なんでウチで、こんな商品が出せなかったんだ!?」

ACT. 5

経歴ゼロからのゲームシナリオライター挑戦術

佐野一馬

PROFILE

◎著者／サノ カズマ：ゲームの企画・シナリオライター。エロゲー多数。関わったゲームは、『ヴェインドリーム II』『ディファレント・レルム 久遠の賢者』『ラグナレック』『猟奇の檻』『猟奇の檻 第2章』『SeptemCharm まじかるカナン』『微笑みをもういちど ～ smile again ～』『GUN GRAVE』『いきなりはっぴぃベル』『ANGELIUM ―ときめき LOVE GOD ―』など。

胃に穴が開くほど悩んだ者こそ、その苦痛に見合った成長を得られるが、その成長が評価されるかはまた別の問題

佐野一馬

実戦型ゲームシナリオライターのなり方

　ここではパソコンゲーム（特にアダルト）のシナリオライターを本気で目指す人のための"なり方"を紹介していこうと思います。方法はいろいろありますが、その中で貴方にとってある程度の指針を見つけてもらえれば幸いです。

　まずは現在のアダルトゲーム系シナリオライターの立ち位置について説明しましょう。

　自分が目指すモノがどういう職種なのか？

　その現状を知ることはとても大切です。

　筆者は過去にゲームソフト開発会社を経営した経験があり、経営者側の意見も含めて述べていきます。

現在のゲーム制作現場とシナリオライターの立場

① 正社員はなかなかいません

　これはあくまで私の周囲の状況ですが、現在、活躍しているアダルト系シナリオライターの大部分が会社に所属せずフリーの立場、つまり外注シナリオライターです。

　昔は社内に正社員のシナリオライターがおり執筆していたのですが、15年くらい前から外注化が顕著になってきたように思います。

ではなぜ正社員ではなく、外注ライターが主になってきたのか？

これには、いくつかの理由が考えられます。

・『経営側として人員削減』

これは過去と比べて、ゲーム1本に対する売り上げが下がってきていることに帰依するのですが、経営者としては正規雇用者を減らすことにより運営リスクを下げようとします。

シナリオライターに限らず、正社員がいれば毎月給料を払わなければなりません。正社員がいると、その仕事場でもある場所代や機材などの設備費、光熱費、さらには雇用保険や年金など月々のローディングコストがかかります。そして、正社員は一度雇用してしまうと、簡単には解雇できないのです。

そのような中、終了したプロジェクトと新たなプロジェクトのあいだがスムーズに移行できればいいのですが、そこはなかなか上手くいかないモノ。企画の立ち上げが遅れたり仕様書が整っていなかったりすると、原画を担当するイラストレーターや彩色を行うグラフィック班など、指示を受ける側のスタッフが待機状態になってしまいます。待機状態であっても正社員の給金は発生し、完全な「遊兵」となってしまうのです。

社内に複数の生産ラインがあれば「手の空いているスタッフを別ラインに」とできますが、最近では1ラインのみで運営している中小会社も多く、結果この遊兵を作らないためにも、シナリオライターを含めイラストレーターや彩色などを外注化する企業が増えていきました。

驚くことにゲーム制作会社なのにプログラマーが不在、実務要員としてディレクター職しかいないという組織形態も、今となっては珍しくありません。

・『経験者起用によるリスク回避』

シナリオを最後まで書けるかどうか不透明な新人ライターを正社員として

起用し企画を任せるのは、なかなかギャンブルです。そのために、ある程度の経歴がある経験者に依頼するほうが運営者としては安心できます。

さらに、そのシナリオライターに知名度の高いヒット作でもあれば、少なからずネームバリューとしての利用価値も出るというモノ。なので、多少割高になったとしても、経験者の外注シナリオライターに依頼したほうがリスクが低いのです。

また、同会社で何作か執筆して、ある程度安心できる外注シナリオライターの場合、次回作も含めてオファーしておくとスケジュールも運営側が把握できるようになり、スムーズに次の作業に入れます。「シナリオライターのスケジュール待ち」というのも回避できるようになるのです。

・『すぐに切り捨てられる手軽さ』

シナリオライターというのは、人気商売の要素もあります。

その名前で購入を検討するユーザーもいると思いますが、逆に「奴のシナリオじゃあ買わない！」と回避される場合もあります。

これは経験者であろうと新人であろうと同じで、発売した作品の評価が著しく低かった場合や、会社側の要望をまったく聞こうとしないなど作業態度が極めて悪い場合、外注シナリオライターでしたら運営側は「次回からはもう使わない」という選択も可能です。

しかし、これが正社員となりますと「人気がなくなったからクビね」とはいきません。正社員ならばペンネームをコロコロと変えて書き続けることも可能ですが、流行に合わせてシナリオライターを切り替えていくのも賢い運営方法なのかもしれません。

もっともシナリオライター側も簡単に切り捨てられないように、現在の流行路線を研究しつつ、さらに自己の表現力を模索し続ける必要があります。

② シナリオの発注

外注シナリオライターが主となっているアダルトゲーム制作ですが、ではどのようなカタチでシナリオが発注されるのでしょう?

シナリオライターを目指す貴方としては「これがやりたい!」「ストーリーを考えたい」と自身が創造した物語を書きたいと思うのは当然のこと。

では、実際にはどうなのでしょう?

•『会社が用意したプロットを執筆』

外注シナリオライターの仕事の大部分は、**会社からプロットを受け取りその内容を文章にする**という作業です。

具体的には「**キャラクターの説明**」「**シーン毎のプロット**」「**ビジュアルシーンの字コンテ (または絵コンテ)**」が用意されます。

キャラクターデザインはある場合もありますし、一切ない場合もあります。シナリオをすべて書き終え納品した数カ月後に、オフィシャルサイトなどで初めて自身が担当したキャラクターの容姿を知る場合も少なくありません。

プロットの内容も、重要なセリフなども含めて用意されているモノもあれば、ザックリとした状況説明しかない場合もあり、それはメーカーによりかなり温度差があります。

では、このプロットは誰が書いているのでしょう?

ほとんどの場合、正社員であるディレクターや営業職の人、もしくは信頼のおける外注シナリオライターが請け負うこともあります。正社員のディレクターがシナリオの勉強や経験をしているかは不明です。

元シナリオライターがディレクターになっているというケースもありますが、大手メーカーならともかく、中小企業では本職シナリオライターが正社員として在籍している可能性はかなり低いといえます。

「そんなシナリオライターでもない人が書いたプロットなんて!」と思う

新人シナリオライターもいるでしょうが、それは違います。

どのメーカーもディレクターや営業職の人間は非常に頭がよく、現在の業界内での流行を調査研究し、なおかつ半年後や１年後の動向を予想したうえで、さらに自社ブランドの特徴を活かした企画を立案します。

これは純粋に「売れるための企画」といえ、実は本職シナリオライターにはなかなか遂行できないことなのです。

なぜなら本職シナリオライターが企画を立ち上げた場合、「売れるための企画」ではなく「面白いシナリオ」を優先して考えがちだからです。純粋に"面白い企画"が"売れる企画"とイコールになるとはかぎらないのです。

さらに会社側としても「社運を左右する企画を責任のない外部の人間に任せるのは……」と思うのは当然。売れ行きが振るわず会社が倒産したとしても、報酬さえ支払われていれば外注シナリオライターには一切被害がありません。だとすれば、会社の運命を左右するポジションは"正社員"が行うのが妥当といえるでしょう。

ただし、同じブランドで何作も執筆していると外注シナリオライターにも企画やプロットの依頼がくるときもあります。その兆しがありそうな場合は、現業界の動向や発売元になるブランドの傾向などを研究し、いつでも対応できるようにしておくのもいいでしょう。

数少ないチャンスを掴み取れるかどうかは「売れるための企画」という考え方に成功の鍵がありそうです。そして、それは**"クライアントを潰させない"**という自身の生存術にも関わるのです。

・『**文章量の制限**』

与えられた資料を基にいかに面白く文章を書くかが外注シナリオライターの力量ともいえます。さらに、ほとんどのメーカーからの発注書には、プロットと同時に容量の指定がされています。

外注シナリオライター報酬方式は、大きくわけて２種類。

１つは「グロス」と呼ばれ、**最終的に書いた文章量が多くても少なくても、決められた作業料が支払われる**タイプ。これはシナリオ執筆以外に、企画やプロットなどの資料作業を行うときによくあります。

もう１つは「キロ単価」と呼ばれ、**書いた文章量（キロバイト換算）に応じて報酬をもらう**タイプです。

当然、文章量が少なければ報酬も少なく、多ければ報酬も増えるのですが、制作予算には上限があり無制限に文章を書けるワケではなく、"上限"が指示されます。「このシーンは４〇キロバイト以内で書いてね」と各シーンに容量（開発費）が割り振られ、その合計数がシナリオの全予算となります。

なので、いくら上手な文章を書けるシナリオライターでも容量を無視して大量の文章を書くと予算割が狂ってしまい、会社側としても困るのです。

もらったプロットの内容を面白く、なおかつ決められた容量に収めるのも外注シナリオライターにとって重要なスキルなのです。

・『キロ単価方式による簡単な稼ぎ方』

ここで「キロ単価」方式による簡単な稼ぎ方について紹介しておきます。

それはとても簡単で「あまり考えなくていいシーンを多く書く」ということに尽きます。

複雑なストーリーや人間関係、それにまつわるセリフの言い回しや伏線の配置など、シナリオ執筆に関していろいろと考える場合があると思います。しかし、その"考える時間"は料金に含まれません。考えている時間があるなら、そのぶん１バイトでも多く文章を書いたほうが"お金"になるのです。

具体的に言いますと**「エロシーンを多く書く」**ということになります。

アダルトゲームのシナリオである以上、エロシーンは必須。さらに、開発予算の関係でシナリオの分量が決まっているのであれば、よほど感銘を受けるストーリーでないかぎりエロシーンが多いほうが"売り"になります。

　シナリオの出来不出来は企画・プロット段階ではなかなか伝わらないモノですし、思い通りにいかないのが現実。いくら「絶対に感動します！」「涙で前が見られません」「今世紀最大のシナリオ」と企画書に書いても説得力は皆無。ならば、ストーリー部分はエロシーンをより引き立てるための基礎部分として最低限に抑え、エロシーンに特化したほうが企画的にも明確です。

　エロシーンは「ヤルこと」が決まっているので、熟考しなければならない部分も少なく、また"喘ぎ声"で文章量を容易に稼ぐこともできます。キロ単価で働く外注シナリオライターにとって、エロシーン特化シナリオは稼げる優良企画なのです。

　余談ですが、この流れこそ"ヌキゲー大量生産化"の理屈なのかもしれません。

③ シナリオの共同執筆

　新たにシナリオライターを目指す人にとって、まず最初に経験するのは共同執筆でしょう。

　現在、販売されているアダルトゲームのシナリオライター欄を見ますと、複数人（2～3人）で執筆しているのが多く見られます。

　なぜ1人ではなく複数人なのか？

　1人がメインで、ほかがアシスタント的な役割なのか？

　とても気になる部分だと思いますが、現状はどうなのでしょう？

・『運営回転を上げてリスク回避』

　まず、複数人での執筆の理由として、経営側の理由が挙げられます。

　例えば、シナリオ予算に6人月（1人で6カ月程度かかる作業）を想定した場合、1人で6カ月かけるよりも3人で2カ月で仕上げたほうが、金額的には同じでもリスクは低いのです。

　グラフィックを含めた各部材も外注業者に発注して、短期間でどんどん作

品をリリースし、運営回転を上げることにより作品毎の売上げの高低を平均化できます。

　1年かけて制作した作品が不発な場合、そのダメージも絶大。ならば1作を3カ月で作れば、年間に4本リリースでき、1〜2本不発が出てもダメージは少なく済みます（4本全部不発だとさすがに危険です）。

　さらに、ヒットした作品が出れば、そのシリーズに傾倒する戦略に転換し売上げを伸ばすことも目指せます。流行を模索するという意味でも短期間で多くリリースしたほうが効率が良く、そのため分業が効率的となっていくのです。

・『シナリオライター脱落によるリスク回避』

　"運営回転ウンヌン"は理屈上のことであり、実際にはこちらが真実といえるでしょう。

　実はシナリオライターは簡単に潰れます。特に新人シナリオライターはかなりデリケートで潰れやすいです。もし1人でシナリオを書き上げる"ソロ執筆"の場合、そのシナリオライターが「病気になった」とか「事故に遭った」とか、「意味もなく消えた」などの理由で企画から脱落したら、どうすればいいでしょう？

　当然、新たなシナリオライターを探さなければなりません。すぐに見つかれば問題ないのですが、"運良くすぐ作業に入れるシナリオライター"などいません。つまり、すぐに仕事が頼めるシナリオライターとは、仕事をしていないシナリオライターということであり、普通に活躍しているシナリオライターであれば、数カ月先まで予定が決まっています。

　つまり、ある程度信頼できるスキルを持つシナリオライターはすぐに見つけることができず、企画が数カ月（悪くて半年）以上ストップしてしまい、経営側として大打撃になってしまいます。

　そこでリスク分散のために、複数人のシナリオライターを用意しておけば、

もし1人が脱落しても残った者でなんとかフォローできるのです。

•『シナリオライターの脱出ボタンは軽くはない』

「シナリオライターの脱出ボタンは軽い」といわれます。ただし、これはプロットを自己でやっているシナリオライターであり、用意されたプロットから執筆する外注シナリオライターの場合、脱落者は比較的少ないです。

プロットを書くということは、ストーリー構成のみならずグラフィックなど素材関係の発注書制作なども行います。

それだけストレスが大きい……というワケではありません。筆者が過去に見てきた新人シナリオライターが挫折する大きな要因は、"突然の仕様変更"があります。

例えば、予算やスケジュールの関係でグラフィックの変更またはカットがあり、ストーリーに変更が出た場合。さらに、根本的に分量調整ができず予定していたシナリオ容量を大きく突破した場合など、アダルトシーンは削れないのでストーリー部分からカットしていく傾向があります。

「そんなの削ればいいだけじゃん！」と簡単に考えそうですが、実はそのストーリー部分がカットされると、途端に"破綻する"と思ってしまうシナリオライターが多いのです。

ほかにごくごく稀ですが、謎の力によって予想だにしなかったカットが追加されることもあります（出資元や流通などの担当が「こんなシーンがウケるんですよ！」と作品内容も理解せずに首を突っ込んできて、経営者が鵜呑みにするパターン）。

実際にはたいしたことのないシーンの増減でも、自身の考えた構成が崩れた瞬間、別の手段による再構成が思い付かないという現象に陥るのです。イレギュラーな自体に対応できず、そのまま執筆が止まってしまいます。

なかには新人シナリオライターでも即座に対応できる者もいるので、これは個人の「対応力」「柔軟性」の差だと思われます。

　ゲーム制作は決して１人で行うモノではありません。いろいろな部署との連携で制作され、また他部署の理由による変更も結構あるのです。なので、どのような事態に直面しても対応できる**柔軟な思考**もシナリオライターとしての必須スキルといえるでしょう。

　ちなみに、外注シナリオライターには、容量さえ守っていればそのような心配はありません。もし途中変更があれば、変更に関する内容の指示も必ずもらえます。そして、変更分の追加予算を請求できる……会社もありますが、筆者は踏み倒された経験が多いです。

・**『共同執筆の弊害』**

　複数人による共同執筆に関する利点を紹介しましたが、ここでは弊害について説明しましょう。まず、シナリオライターＡ、シナリオライターＢ、シナリオライターＣの３名による共同執筆の場合。

　３名のうちの誰か、もしくはディレクターなどのシナリオライター以外の者が制作したプロットが配られます。分配の方法ですが、ライターＡがメインシナリオ、ライターＢがアダルトシーン、ライターＣもアダルトシーンという分け方もありますが、だいたいはキャラクター毎に振り分けられます。

　ライターＡがヒロインＡのパート、ライターＢがヒロインＢのパート、ライターＣがヒロインＣのパートといった具合です。

　作業の進行ですが、ライターＡが書き終えてからその文章をライターＢに渡し、ヒロインＡの内容を理解してから執筆。そして、ライターＢが書き終えたらライターＣへバトンタッチ……ではありません。

　ほとんどの共同執筆の場合、ライターＡ、ライターＢ、ライターＣが一斉に書き始めます。ということでライターＡは、ライターＢの書くヒロインＢやライターＣの書くヒロインＣの口調や性格などを把握できない状態で、ヒロインＡのパートを書くことになります。

　無論、メーカーによってはプロットや発注書にヒロインの性格や口調など
が指定されていますが、完全に把握できるモノではありません。ヘタにほか
のシナリオライターが担当するヒロインを出して、性格や口調が違っていた
ら誰かが修正しなければなりません。

　もちろん修正にはそのぶんの費用も掛かりますし、経営側としてはできる
ことなら避けたい出費です。そこでシナリオライターが取る堅実な方法は、
ほかのシナリオライターが書くヒロインたちは出さずに、自身が担当するヒ
ロインのみを書くということです。

　キャラクターは多角的な位置から見ることにより「個性」が形成されます。

　例えば、ヒロインＡは主人公の前では大人しく純情ですが、親友であるヒ
ロインＢの前では結構ぶっきらぼうで粗雑。また、ヒロインＣに対して病的
なまでのライバル心を持ち、ときとして鬼となる……など、いろいろな面が
あって個性が構築されます。

　しかし、前述の書き方では、主人公は常にヒロインＡの正面からしか見て
いません。横から、または背後からヒロインＡを見る者がいないのです。そ
の中でいかに正面以外の個性を見出せるように表現するかが、シナリオライ
ターの手腕の見せドコロとなる部分でしょう。

　正社員シナリオライターを常駐させている大手メーカーならば、ちゃんと
シナリオ全体を統括し修正してくれる場合もありますので、まずはどういう
執筆体制を取っているのかを見極めることが重要です。

　とはいえ、なるべく修正の手間を取らせないように執筆作業を進めるべき
なのは、言うまでもありません。

・『共同執筆に必要とされるスキル』

　複数のシナリオライターによる共同執筆で、各パート毎にヒロインの性格
が違うなどは論外ですが、ほかに "文体が全然違う" というのも作品の完
成度を著しく下げる要因となります。

　ヒロインAのパートではセリフが極端に少なく、ト書きによる詩的な状況描写が多い。しかし、ヒロインBのパートに入った瞬間、ト書きが皆無になり勢いのあるセリフのみの進行になる。そして、ヒロインCのパートでは、いきなりポエムが随所に差し込まれる。

　これはこれで面白い場合もありますが多くの場合、まとまりのない作品になってしまいます。各シナリオライター同士で打ち合わせができればある程度は統制が取れるのでしょうが、外注シナリオライターはほとんどの場合、共同執筆するほかのシナリオライターの顔すら知らない状態です。

　なので、とりあえずは依頼してきたメーカーの過去作品を軽くプレイし、文体などの特徴を把握しておきましょう。

　それに類似した文体を書いておけば、まず問題ありません。

　文体を真似るということは自分の文体を知り、ほかのシナリオライターの文体も分析できるということです。自分の文章を追求するのも重要ですが、ほかのシナリオライターのクセを理解するというのも"物書き"としての重要なスキルといえるでしょう。

　この能力が高ければ、俗にいう**「後始末屋」**の依頼もくるようになるかもしれません。

　後始末屋とは、文字通り「シナリオライターが逃げた」「作業不能になった」などの理由で、**途中までできているシナリオを引き継ぎ完成させる人**のことです。共同執筆によりリスクは減ったものの、まだまだこの作業の需要はあると聞いています。

•『共同執筆のチャンス』

　アダルトゲーム業界において広がりを見せている共同執筆の体制について、シナリオライターを目指す若い人たちは少し絶望した部分もあるかもしれません。しかし、そうではありません。

　逆にチャンスは増えたと思っていいでしょう。

　これがもし１作に対して１人のシナリオライターが担当するのが主であれば、なかなか新人シナリオライターにすべてを任せることにはなりません。それではリスクが高すぎるのです。

　しかし、共同執筆ではあれば、シナリオライターＡとシナリオライターＢは経験者で、シナリオライターＣはちょっと試しに新人を使ってみようということになるかもしれません。

　なので、もしシナリオライターを目指すのならば、共同執筆の体制を起用しているメーカーで、シナリオライターがあまり固定されていないトコロを探してみましょう。

　固定シナリオライターがいる場合、割り込む機会も狭まります。ただし、固定シナリオライターがまったくいない場合は、別の意味で注意も必要です。

　プロットや指示が曖昧な場合や作業料の未払い多発などで、シナリオライターが居付かないという場合があるからです。なかにはわざと新人シナリオライターを起用し、作業料の踏み倒しや作業後の減額を想定している悪徳メーカーもありますので、情報収集は常に行いましょう。

　実際には新人シナリオライターが情報収集してもなかなか判らないので、引っかかる人があとを絶たないという状況もありますが、なんとか乗り切ってください。あえて火中に飛び込み、火達磨になりながらスキルを磨き経験を稼ぐ……というのもアリかもしれません。

商業ライターを目指す者が夢を現実にするには？

　ここまでで、現在のシナリオライターの立場がある程度理解できたと思います。では次に、まったく経験のない新人が、どうやればシナリオライターとして雇ってもらえるかを考えていきましょう。

① 具体的なシナリオライターへの道は？

　最近では、シナリオ投稿サイトなどで、小説を執筆する人も多いでしょう。そこからゲームのシナリオライターへ……と画策するのも道の１つです。

　面白いストーリーを構想し、それを執筆して表現する。小説執筆はシナリオライターとして重要な要素です。しかし、前述した通りゲームのシナリオライターとしては不十分です。

　逆に小説のスタイルに慣れてしまうと、**ゲームのシナリオライターとしての思考ができなくなる場合もある**ということを忘れないでください。

　筆者は過去、某有名小説投稿サイトで人気を博している作品のゲーム化打ち合わせの席に呼ばれた経験があります。その人気作品をゲーム化するのが筆者の役目と心得て行ったのですが、作者はゲームの文章も自身で書きたいと主張。確かに自分の作品なのですから、ゲーム化も自分の文章で行いたいのは当然です。

　筆者も物書きのはしくれなので、充分に理解できます。

　ゲーム制作と同じく筆者は小説執筆の経験もあったので、その違いと注意点だけをおおまかにアドバイスして、その仕事は幕を引きました。しかし、結局その作品がゲームとして商品化されることはありませんでした。

　あまり関わる気もなかったので深くは聞きませんでしたが、結局は作者がシナリオを書けなかったとのこと。

実はこれは珍しい現象ではなく、頻繁に起こりうることなのです。

小説執筆とゲームシナリオ執筆とは根本的な構造に差異があり、メーカーが欲しいのは小説家ではなく、ゲームのシナリオライターなのです。

② 企画書やプロットなど書いても無駄

順当に考えれば、企画書やシナリオプロットなどをメーカーに送って評価してもらうというのありますが、残念ながらそれらはあまり効果的ではありません。

目と通した瞬間、脳天に稲妻が貫くような企画力や、過去類を見ない斬新すぎて吐血するほどのシナリオであれば、大きな評価を得ることができるでしょうが、そのようなことはまずありません。皆無とは言いませんが、新人でそれが叶うのは俗に言う"希代の天才"のみです。

だいたいはありきたりな展開や、どこかで見たような内容になるでしょう。そこで奇をてらって、突拍子もない内容を書くのもアリですが、こちらも多くの場合"不発"となります。

では、どのようなモノが効果的なのでしょう？

•『必要なのは即戦力』

オススメする提出物としては、そのままゲーム形式でシナリオを書いてしまうことです。ゲームの文章に「CHR：ヒロインA（私服）、表示」や「BG：廃墟となった教室（夕方）、表示」「フェードアウト」など、簡単でいいのでスクリプト的な指示文も入れておきましょう。

また、シナリオの文章だけではなく、キャラクターや背景のリストなどもあると効果的です。キャラクターは容姿だけではなく、表情や服装などの差分の指示。背景は時間帯の指示が必要であり、また"必要ではない時間帯の背景"はちゃんと割り出し、排除しておくとポイントも高いでしょう。

さらにアダルトゲームでは、ビジュアルシーンの"字コンテ"も必要とな

ります。

登場するキャラクターに場所と時間帯、そしてシチュエーションと差分の指示があれば充分です。シナリオはエンディングまで出す必要ありません。

「最後までできている」ということを表明したうえで、まずは半分くらい提出してみましょう。メーカー側に興味があれば、後半部分に対するリアクションがあるハズです。

うまくいけば修正や加筆は必ずあると思いますが、商品化するかもしれません。とにかくゲームのシナリオライターを目指すのであれば、ゲームのシナリオを提示するべきです。

そのとき大規模なストーリーモノではなく、まずはヒロイン1人〜3人くらいの規模にし、メーカーもロープライスまたはミドルプライスをメインに開発しているトコロを狙いましょう。

どのようなカタチでもメインシナリオとして1作を世に出します。そうすれば、貴方は既に"ゲームシナリオ経験者"であり、"プロのシナリオライター"です。それをスタートにシナリオライターとしての実績を積み重ねながら、自分の好きなジャンルに向けて方向を修正して行くことが近道でしょう。

ここで「ゲーム形式でなんて経験ないし書けない」という人もいるかと思います。そういう人はゲームのシナリオライターは諦めたほうがいいです。「ゲーム制作には何が必要なのか」「何を書き何を伝えればいいのか」を悩むこと自体が大きなスキルアップとなるのです。

胃に穴が開くほど悩んだ者こそ、その苦痛に見合った成長が得られます。ただし、その成長が評価されるかはまた別の問題です。

・『文章を書く以外のシナリオライターの仕事』

　ゲームのシナリオライターは、シナリオを書くだけではありません。

　ゲームのテキストには「スクリプト」という制御コマンドがあり、それが実際のゲーム上の「動き」になります。キャラの出し入れだけではなく、音楽や効果音などもこのスクリプトで制御します。

　形式は純粋なテキストであったり、WordやExcelなどで制御したりとメーカーによっていろいろな方式がありますが、基本的に行われる内容は同じです。このスクリプト作業をする職種を「スクリプター」と呼び、ゲームでの演出を司るポジションになります。

　正直、あまりパッとしない文章でも、このスクリプトの演出によってずっと魅力的なシーンになったりするのです。逆に素晴らしいシーンでもスクリプト内容によっては、平凡な印象になってしまうこともあるでしょう。

　本来、シナリオライターがその場面を思い浮かべながら、文章と一緒に演出であるスクリプトコマンドを打ち込むのが理想的ですが、作業の分業化の意味からも現在では完全にわかれております。

　筆者の心証では、ゲームの出来不出来はこのスクリプターの腕による部分が大きいです。スクリプターとはまさにゲームにおける"演出家"なのです。

　裏方であり一般的な知名度も低く、いきなり「スクリプターになりたい！」と業界の門を叩く人が皆無ということもあり、スクリプターはシナリオライターから転職するケースが多いです。

　実際、スクリプターからシナリオライターへ転職というのはあまり聞きませんが、ゲームシナリオを執筆するにあたり重要なスキルであることは間違いありません。

　スクリプターは外注ではなく正社員が多く、さらに常に人材不足と聞きますので、業界に入るにあたりここから始めるのもアリかもしれません。

　最近ではプロットを専門で書く「プロッター」という単語も聞きますが、実際には営業やデレクションもせずにプロット専業というのは、職種として

なかなか成立するとは思えず、スクリプターと兼任という場合が多いでしょう。逆にいえば、スクリプターとして入社し、虎視眈々とプロット制作を狙いデレクション業を目指すことも可能ではないでしょうか？

•『ドラマCDの脚本やソーシャルゲームのシナリオ』

貴方が思い描いているゲームシナリオとは違うかもしれませんが、ドラマCDの脚本執筆などは今なお需要があります。だいたいが企業から収録スタジオに依頼がきて、そこから脚本家や声優が手配されるという流れです。

オリジナルではなくアニメやゲームなどの原作付きがほとんどで、イメージもしやすくセリフ中心なので執筆業の初期段階にはいいかもしれません。

筆者も何作がドラマCDを執筆した経験がありますが、ドラマCDにはドラマCDのテクニックがあるので、そこは自身で調べてみてください。

また、最近ではソーシャルゲームなども敷居が低く、多くの新人シナリオライターが参加していることと思います。募集している企業も多々ありますので「我こそは」と思う人は、応募するのもいいかもしれません。

だだし、筆者の経験から助言させていただくとすれば……ソーシャルゲームの執筆は諸々の意味でキツイです。

③ 番外編：ゲームデザイナーを目指す者の企画書の書き方

番外編ということで、シナリオライターではなく、ゲームデザイナーを目指すための心構えを紹介します。こちらはフリーではなく、正社員としてのゲームデザイナーを目標にしている者向けです。

筆者はRPGやSLGのゲームデザインの経験もあり、また経営者としてその職種を目指す者たちの面接も行ってきました。その中で感じたことをありのまま書かせていただきますが、メーカーや担当者によって考えた方が180度違う場合もあります。"あくまでも参考程度"として、役立てていただければ幸いです。

・『企画の内容はどうでもいい。見ているのは表現力』

　シナリオライターの企画書やプロットの項でも述べましたが、いきなり斬新で画期的かつ魅力的な内容で、即ゲーム化できるアイデアは、新人からはなかなか出てきません。

　できたとすれば、やはりその人は "希代の天才" です。

　ゲームデザインに関しては、内容はあまり期待しておらず、見ているのは "表現力" となります。アイデアはもとより、「**まだどこのメーカーもカタチにしていないようなゲームの構想をいかに文面で伝えられるか**」「**どのような手法を用いて制作スタッフの指針となるべき設計図を作るのか？**」。そこがゲームデザイナーとして評価の対象となるポイントとなります。

　頭の中にアイデアがあっても、それを表現する能力がなければ仕事にならないのです。

・『「〜みたいな」という表現があった瞬間、落とします』

　過去、面接希望者の企画作品を見させていただき、RPGなどで「戦闘はFF（ファイナルファンタジー）のような〜」とか、「DQ（ドラゴンクエスト）風の〜」などの記載があった時点で即不採用決定です。

　確かに現存するゲームシステムを前例として出してもらったほうがわかりやすいのは事実です。見やすくて、内容も伝わりやすいです。しかし、その簡単なひと言で説明してしまう人は「なぜそこに至ったのか？」という部分が抜けている場合が多いからです。

　画面レイアウトにしても「なぜその配置にしたのか？」をひとつひとつ吟味して欲しいのです。

　先人たちが悩みに悩み、成功と失敗を繰り返しながら作り出していったその課程を「こんな感じで〜」のひと言で表現してしまうのは、ゲームデザイナーを目指す者としてはお粗末すぎます。

　先人たちが歩んだ険しき道を、企画書を制作するという作業を通して追体

験して欲しいのです。

　実際、そのような表現をした者の RPG の企画書には表面的な内容しかなく、パラメータがあったとしても「このパラメータから出るダメージの計算式は？」と聞くと答えられないです。

　答えられた者は皆無です。

　ダメージ計算式は、プログラマーが考えてくれるのでしょうか？

　プログラマーは仕様書の通りに作りますが、計算式を考えるのはゲームデザイナー（またはシステムデザイナー）の仕事です。

　大手メーカーならまだしも、ゲームデザイナーにシステムデザイナー、レベルデザイナーなどのスタッフが潤沢に揃っているのは稀です。スタッフのいろいろな意見を聞き、それを十分に咀嚼しながら取り入れつつゲームデザインは構築されていきますが、最終的にはゲームデザイナー 1 人のイメージに委ねられます。

　面接用の企画書にわざわざ内部仕様まで書かなくてもいいかもしれませんが、聞いて答えられないということは "考えていない" 証拠です。

　「表現力を見る」と述べましたが、新人なのですからある程度見づらくて要点が判り難い企画書でも、内部も含めて事細かに "表現する努力" をしている企画書のほうが筆者としては好感が持て、採用を検討したいと感じます。

　しかし、常識を逸脱したページ数の力作を提出したとしても読まれずに終了する可能性が高いので、**「適度な分量」**と**「読ませる工夫」**も考慮してください。

・**『既存フォーマットで書く奴は、内容を見る以前に落とします』**

　これは珍しい例ですが、複数の面接希望者が同じフォーマットで作られた企画書を提出したことがありました。

　調べたトコロ、ゲームの専門学校で使用されているゲームデザインの

フォーマットのようで、内容も同じような雰囲気でした。

　確かに見やすく整理された書式でしたが、作られた枠の中からはみ出すようなオリジナリティを感じられませんでした。

　たまたま彼らのアイデアが、ありきたりな内容だっただけかもしれません。しかし、表現力を見たい面接では無難なフォーマットで作られた企画書よりも、多少見栄えが悪くても本人の個性が爆発しているもののほうが、高評価に値すると考えています。

　したがって、残念ながら彼らは不採用となりました。

シナリオライターになるための準備

① 実際にシナリオライターを目指すには

　シナリオライターを志す者は、具体的にどのような準備をすればいいのでしょう？

　まずは「文章の練習」ですが、具体的に何をするべきか紹介いたします。

　必ず必要なのは、シナリオの構想力（アイデア）と、それを他者に伝える表現力です。

・『構想が良くても、それを表現できなければ伝わりません』

　よく「俺のほうが面白いシナリオ思い付くぜい！」という希望に満ちた人がいますが、それをカタチにできなければ "純粋な妄想" でしかありません。

　その妄想も充分に楽しいので、プロの物書きを目指すのでなければ「楽しみ方の１つ」として満喫するのも問題ないでしょう。しかし、「**しっかり書ける人間**」になりたいのであれば、妄想だけに留めず頑張りましょう。

　素晴らしいシナリオ構想をいかにして他者に伝え、ストーリーとして構築しながらゲームというカタチにしていくのか？

ACT.5「経歴ゼロからのゲームシナリオライター挑戦術」(佐野一馬)

もっとも修行が必要とされる部分であります。

・『表現力があっても内容がつまらなければ使われません』

これも単純なことですが、豊かな表現力を持っていても構想（アイデア）がつまらないと、やはり評価にはつながりません。「構想力」と「表現力」はまったくの別スキルなので、それぞれ別個に考える必要があります。

シナリオライターを目指している人は、自身の「構想力」と「表現力」がそれぞれどれほどのモノなのか、改めて考えてみましょう。

・『構想力と表現力はどちらも重要ですが、必ず必要なわけではありません』

構想力と表現力、どちらの能力もシナリオライターには必要と思いますが、最近では必ずしもそうとはかぎりません。

漫画で例えるなら「ストーリー」と「漫画」と担当がわかれている作品も多々あるように、構想力がなくても表現力に自信があるのならば、誰かにプロットを用意してもらえばいいのです。

また、構想力が高く、表現力が著しく低い場合は、プロット制作に注力すればいいでしょう。とはいえプロット制作者は、実際に文章を書くシナリオライターに内容を説明する必要があるので、表現力が皆無では絶望的です。

アダルトなシーンで「最初の当たりは強めで、あとは流して……」とか、日常シーンで「他愛のない楽しい会話：容量 30 キロバイト」的な内容では、シナリオライターからキュッと首を絞められる可能性があるので注意しましょう。

② 構想力の鍛え方

では、実際に構想力の鍛え方を紹介します。

後述する方法を実践するかどうかは貴方次第ですが、やるとやらないとでは雲泥の差が出ると思います。少しでもいいので、ダマされたと思って実践

してください。そして、効果がない場合は、筆者に「ダマされた！」と思って地団駄を踏んでください。

•『キーワード縛りの短編制作』

まず、文房具屋さんで単語帳を買ってきましょう。

可愛らしい絵が印刷されているような豪華なモノではなくていいので、できるだけ小さなモノを選びます。その単語帳に、自分の好きな単語を1枚に1つづつ書いていきます。

いきなり「好きな単語」といっても釈然としないかもしれませんが、名詞でも動詞でも構いません。頭にフワッと浮かんたモノや周囲を見渡して目に入ったモノをとりあえず書いておきましょう。

書き終わったら、その中からランダムで2枚を引き抜きます。そして、書かれた2つの単語をキーワードに短編シナリオを1本書いてください。単語がチョロッと出るだけではなく、必ずその2つのキーワードがメインとなるシナリオを書きましょう。

ここで注意が必要なのは、長編にしないことです。1日に割ける作業時間にもよりますが、必ず**構想から執筆終了まで1週間程度**で終わらせましょう。

短期決戦が重要であり、1週間以上かけてしまうと確実に集中力が切れます。期間以内にできない場合は諦めて、新しいキーワードを2つランダムに選択して新規短編シナリオの制作に努めてください。

一度使ったキーワードは廃棄し、単語帳がなくなるまで、もしくは飽きるまで続けます。慣れてきたらキーワード2つではなく、もう1つ追加して3つのキーワードを盛り込んだシナリオに挑戦してみましょう。

完成した短編シナリオは、小説投稿サイトなどにアップして評価してもらうといいでしょう。プロを目指すからには、他者の目に触れて初めて作品となるということを肝に銘じておいてください。

構想力の鍛錬はこの「単語帳短編制作」で充分だと思います。

「発想の仕方」や「ストーリーの組み立て方」などは、ほかの専門書籍を参考にしてください。得てしてそれらの専門書籍は正しいことが書かれています。間違いありません。

ハウツー本は、シナリオライターを目指して文章を書き始めた者が誰でも経験するであろう"最初の躓き"に出くわしたときに役に立つ対処法です。執筆未経験の人にとっては知識として蓄積されることはあっても、実感として理解できません。したがって、ハウツー本を読む前にどのような内容でもいいので、短編を1作書いておくことが大切なのです。

「ストーリーの考え方」や「書式のルール」などは、個々のシナリオライターによって違うので、**物書きのルール**は自分で探すしかありません。

ハウツー本は飽くまで「自身のルール」を見つけるための指針。結局、自身のルールを探すには、1作でも多く書いて、書き終えた作品に自問自答し、悩んで悩んで悩んで悩んで足掻き続けるしかありません。

筆者がここで紹介しているのは「上手なシナリオの書き方」ではなく、シナリオを書くための「上手な足掻き方」だと思っていただけると幸いです。

・『考え方の柔軟性』

前述の練習方法は、どのようなキーワードでも盛り込むことができるという「アイデアの捻出」とともに「柔軟性の強化」に役立ちます。

特にゲーム制作において柔軟性は重要。他部署の進行状況によって制作途中で内容が変化する場合が多々あり、それに対応しなければなりません。

「どこぞの神からのお達しで絵追加ね」と予期せぬシーンが差し込まれるというのもありますが、もっとも多いパターンとしては「グラフィックに余裕がないから絵カットね」と想定していたグラフィックがなくなってしまうことです。

RPG制作の場合、村1つ丸々消滅することもあります。

「それがなくてはシナリオが成り立たない」「もう書けない」ではいけませ

ん。プロならばどのような状況になってもストーリーをつなげ、ゲームを完成まで導く柔軟性が必要なのです。

　そして、ランダムで選んだキーワードを自在にシナリオへ組み込める柔軟性があれば「ほかのシナリオライターが残したバラバラになったイベントを組み立てる」という能力も養われているというモノ。これこそ前述した「後始末屋」の作業につながります。

　筆者もこの「後始末屋」の作業を何作か手掛けた経験がありますが、ひと言で言い表すなら「ストーリーのパズル」です。

　途中状態にもいろいろあり「前半はあるけど後半がズバッとない」という状況や「イベント毎の文章はあるけど、その合間がつながっていない」など様々です。

　「グラフィックはすべてあるけど、文章は一切ない」という場合もあります。

　どんな状況でもやることは同じで「このイベントをこっちに持ってきて」「こっちのイベントを前半じゃなく後半へ」「この合間がないから加筆して」「エンディング部分がないから自分で書くしかないのか！」と切ったり貼ったり切ったり貼ったり切ったり貼ったり、さらに書いたりの繰り返しとなります。

　できることならば、このような作業に従事したくないかと思いますが、実際にあるのですから仕方ありません。よく「シナリオライターが逃げた」とか聞くと思いますが、その話題のぶんだけ "後片付けするシナリオライター" がいるのです。そして、後始末屋の能力が高いシナリオライターほど重宝されるのはいうまでもありません。

③ 表現力の鍛え方

　次に表現力の鍛え方について紹介します。

　前述の「構想力」とは全まったく別種のスキルであることを忘れず、同時にこちらも実行していただければ、かなりの実力アップにつながるでしょう。

•『国語辞書読書』

　小学校、中学校、高等学校と、だいたいの日本人は6・3・3で12年は国語の授業を受けています。義務教育だけだとしても9年間は国語を習っているハズであり、だいたいの日本語は理解して読み書きできているハズです。

　しかし、シナリオライターとしては充分でななく、もっともっと日本語を知る必要があります。そこでオススメするのが**「国語辞書の読書」**です。

　やり方としては、まず国語辞書を購入します。大きな辞書のではなく、できれば小さめのを購入して身近な場所に置いて、すぐ読めるようにしましょう。豪華な箱入りだと出すのが面倒なので、剥き出しタイプがいいでしょう。

　国語辞書を適当にパッと開き、そこから2～3ページだけ読みます。時間にして5分～10分程度の時間です。これを1日1回やり、半年から1年続けてください。

　「今どき国語辞書？ネットの辞書でいいじゃん」と思うかもしれませんが、ネット辞書ではダメです。昨今のネット辞書は類義語や対義語なども丁寧に載っていますが、重要なのは「字面は似ていても、まったく関係ない意味や用法」を知ることです。

　国語辞書ならば、頭の文字が同じ単語でも意味などは関係なくズラリと載っています。それを順番に追いながら文字の雰囲気を感じ取りつつ、類義語や対義語を含め、その意味を掘り下げていってください。簡単な漢字でも、今まで知らなかった用法がたくさん見つかるハズです。

　この単語の知識（語彙力）はシナリオライターにとって重要な武器となります。「水」「おひや」「ウォーター」など同じモノを表現する言葉でも、シーンの雰囲気などで使いわけることができれば表現の幅も広がるというモノ。

　文章を自在に使いこなすために「国語辞書読書」は有効であり、単語を知る最短の近道なのです。

　最後に国語辞書読書をするにあたり、注意しなくてはいけないことがあり

ます。それは必ずランダムで開いたページからやることです。

　絶対に1ページ目から順番に読んでいこうなどと思ってはいけません。

　「それじゃあ何年やっても見ないページ出てくるじゃん！」と思うかもしれませんが構いません。1ページ目から始めると、その後続けなければならないであろう膨大な道程に心が折れて続きません。

　なのでランダムでいいのです。

　そもそも1ページ目から順に読んでも、だいたいは見知った単語だったり、印象が薄ければ忘れていってしまいます。なので、全部を制覇するのでなく「続ける」ということを重視しているので、ランダムで1日5分〜10分程度がちょうどいいのです。

　ほかにはヒマなときや集中力が切れたり、気分が乗らないときに"息抜き"として国語辞書をペラペラするのもいいでしょう。

　とにかく、まずは半年を目安に続け、有効だと感じたらさらに半年……とはいわず、1年続けてみてください。

・『逆脚本制作』

　国語辞書読書により語彙力がある程度向上したトコロで、実際に表現力を行使してみましょう。構想力と表現力は別物なので、ここでは構想力を切り捨て、表現力に特化した練習法を紹介します。

　まずは1話完結の邦画ドラマ（映画でもいいです）を録画します。それを観ながら同じ内容を脚本として制作するのです。

　台詞を抜き出すだけではなく、各場面の状況、出演者の表情や仕草なども書いていき、「完成した脚本があれば同質のドラマが制作できる」くらいに書いていきます。

　台詞はそのまま書けばいいのですが、状況などの各種描写表現（つまりト書き部分）こそシナリオライターとしての手腕の問われるトコロ。観たモノすべてを書くのは現実的ではないので、どこを残しどこを切り捨てるかの判

断が重要です。

　シナリオライター視線で画面内の状況をどう見て、どう捉え、そしてどう表現するのか。それぞれチョイスが積み重なり、シナリオライターとして作風につながっていきます。

　1話完結モノの理由としては、連続モノの1話だけ切り取って書いても、起承転結や盛り上がりなどを意識して書くのが困難だからです。表現力特化と前述しましたが、やはり構想力強化のためにも導入部から終焉までの"流れ"を意識して執筆したほうがいいでしょう。

　故に、完結モノなのです。

　さらに邦画をオススメするのは、表情の表現力を養うためです。外国人の表情が大味というワケではないですが、些細な表情やそこから感じ取れる機微などは、同族である日本人のほうが親しみやすく理解しやすいでしょう。

　ファンタジーやSFは世界観や舞台の説明が大変になるので避けるのが吉で、単作でも長編では作業量が多くなってしまうので、できるだけ短めの作品を選ぶといいと思います。

　手軽なモノとして、夕方に放送している奥様たちが見るようなワイド劇場的な作品がいいかもしれません。

　この練習法は数多く実践する必要はなく、2〜3回やれば充分でしょう。

・『正しい日本語を書く必要はありません』

　単語の意味などを知り、それを正しく使うのは重要です。間違った用法では、シナリオライターとして恥ずかしいだけです。

　基本的なことですが、文章とは単語がカタコトのように羅列しているだけはなく、文字として「漢字」「ひらがな」「カタカナ」「句読点」「感嘆符」「疑問符」などで構成されています。

　実は人間が文字を読む際、一字一字順を追って読んでいるワケではありません。名詞や動詞などの単語を「**ブロック**」として認識しています。故にシ

ナリオライターは、このブロックをいかに整理して読者の脳内に送り込むかに注力するのです。

　貴方が目指すのはゲームのシナリオライターです。

　ゲームの画面は本とも違います。

　縦書き？ 横書き？ ウインドウの有無は？ 表示される場所は？

　１画面に表示せる行数は？

　ゲーム画面という多大な規制の中、より読みやすくするために「漢字」「ひらがな」「カタカナ」の組み合わを考え、「句読点」を利用して文章を整理していくのです。これに正解のカタチはなく、ルールもシナリオライターによって異なります。

　「文章のルール」は簡単に決まるモノではありません。何作も何作も書いていくうちに "独自のルール" が徐々にかたち作られていき、それらが固まったとき、貴方の "文体の特徴" となるのです。

　正しい日本語にはある程度ルールはあります。しかし、国語の教師を目指すワケではないので、常にゲーム画面を想定しながら貴方独自の**「読みやすさのルール」**を見付けてください。

④ これでとりあえず十分

　構想力と表現力、双方の練習法を紹介しましたが、とりあえずこれを実践しておけば充分です。これらの練習法は「最低限の基礎」であり、ほかにも超えなければならないハードルは多々あります。

　しかし、そのほとんどは現場で学ばなければなりません。プロとして実戦を繰り返しながら覚えればいいことなので、ここでは記載しません。また別の機会がありましたら "プロの立場になってからの味わう苦難" を紹介できればと思います。

シナリオライターになるための心構え

① プロとしての自覚を持ちましょう

　ここからは技術的なことではなく精神的なこと、つまり"心構え"について筆者の考え方を述べたいと思います。

　この内容については、かなり偏りが強く賛否がわかれるかと思いますが、「そういう考えもあるのかな？」程度に受け止めてください。

・『すべての責任はシナリオライターが負います』

　現在、アダルトゲーム業界でシナリオライターの作業は外注が多く、同時に複数人による共同作業が基本となっております。その内容も正社員や信頼のおけるベテラン外注シナリオライターがプロットを書き、それに沿って執筆するというモノです。

　作業の効率化とリスク分散のための共同執筆形態ですが、それは同時に「責任の分散」にもつながります。しかし、シナリオライターたるもの「面白いシナリオ・売れるシナリオ」問題は置いておいて、自分でストーリーを考えてキャラの一人ひとりに至るまで自身の手で執筆したいのは当然。

　それは同時に、「**責任の集中**」となります。

　シナリオの内容、つまり作品そのものに対する賛否は、シナリオライター個人がすべて受け止めるのです。

　ゲームの評価はそのまま売上げに反映します。正確には評価の低い作品を出した場合、その次回作の売上げに影響が出るといわれています。

　個人制作ならともかく、企業として大勢の人間が参加しているゲームの売上げは重要な問題。売上げはそのまま会社運営に影響し、悪ければ活動休止や会社倒産になる可能性もあるのです。

　「アダルトゲームは絵が勝負だろ？」「絵がダメだったらシナリオライター

の責任じゃないじゃん！」という意見もありますが、どのような絵であれ、その絵柄を最大限に活かしたシナリオを書き、最大の評価を得るのがシナリオライターの仕事であり責任です。

絵描きの責任にしてはいけません。

筆者は古くからシナリオライター業をしており、1作すべて1人で書き上げる"ソロ執筆"の経験が多いので、「作品の賛否はシナリオライターの責任で当然！」と思っております。

シナリオライターの**「自由に書く」**という行為は**「責任が伴う」**ということ。

社運を握っているということを肝に銘じておいてください。

では、作品が不評だった場合の責任は、どう取ればいいのかという点に行き着くでしょう。

実際のトコロ「責任の取り方」などありません。シナリオライターはより良い作品、より売れる作品を目指して書き続けるしかできないのです。なので責任に対するプレッシャーを感じる必要もありません。

逆にこの考えは「自分の思い通りに書きたい」「ゲーム制作の中で重要なポジションでありたい」という強い願望でもあるのです。

これは余談ですが、「全責任はシナリオライター」と豪語して作品の評価が高かった場合、「すべてシナリオライターの功績じゃん！」と天狗になっていけません。

評価が高い場合は、スタッフ全員の功績です。プロが良い作品を作るのは"当然"なのですから、自身を褒め称えるのは心の中だけにしましょう。

声高に自賛するのは、アマチュアの領域ということです。

矛盾や理不尽と感じるかもしれんが……そういうモノです。

・『プロジェクトの中核にいる究極の雑用』

その昔、シナリオライターの立場は「士・農・工・商・穢多・非人・シナリオライター」と言われる時代がありました。それはシナリオライターが執筆以外にも何でも行う雑用だったからです。しかし、これは卑下する意味ではなく、自分の思い通りのシナリオを書くために当然のことなのです。

1人でシナリオを執筆していると、演出も考えるようになります。「このシーンではこのタイミングでこんな絵が出たらいいな」「このタイミングでこんな音楽が流れたら最高だろう」と考え始めます。そうすると演出を手掛けるようになり、スクリプトを自分で打ち込むことになります。

絵に関しても「このポーズがイメージでは最高なんだよ！」と思えば、字コンテだけではなく絵コンテで説明したほうが簡単で、ある程度の絵も描くようになります。雰囲気に特徴を出したいのならば、グラフィックの彩色屋とも打ち合わせします。

音楽の発注に関しても「琴や三味線の音色を加えた和風で」とか「これは太鼓を多用したケルト音楽調で」など、効果音も含め音楽家（音屋）とのイメージの擦り合わせも必要になるでしょう。

つまり、クオリティーのコントロールもシナリオライターの作業の1つ。なぜならば、「最終的な完成図」を理解しているのが、シナリオライターだけだからです。

とはいえ、細分化が進んだ今では、シナリオ執筆以外の作業を経験すること自体難しく、なかなかピンとこないでしょう。しかし、本当にゲームという媒体の中で、自身のシナリオを自身のセンスで表現したいのなら、あらゆるパートをある程度でいいので理解しておきましょう。

いつチャンスが巡ってくるかわからなくても常に他パートに興味を持ち、対応できるように心掛けておく必要があるのではないでしょうか。

② 人気が欲しいです

　シナリオライターに限らず、世に自身の作品を公開する立場の人間は、必ずその評価を気にします。そして、評価されるのであれば、悪い評価より良い評価の方が好ましいハズ。

　ではこの「評価」もしくは「人気」とは何でしょう？

・『万人ウケとはおこがましい』

　過去、若い新人シナリオライターが「ボクは万人ウケするシナリオを書きたいのです」と豪語していたのを横目に見て、筆者は "この子は超能力者なのかな？" と思ったことがあります。

　ゲームの販売本数が1万本で約1万人のユーザーがプレイしてくれると想定。その1万人の好みを理解できるハズもないのに、どうして万人ウケするモノが作れるのでしょう？

　と、断じてしまうのは、かなり意地悪な受け取り方ですね。

　万人に評価されたいと思うのは、実は当然な感情です。しかし、それをどうやれば可能かを考えたことはあるのでしょうか？

　筆者は「人気」というモノに対して "要素の最大公約数" だと思っています。シナリオを含めゲームは、いろいろな要素によって構成されます。

　例えば、「キャラクターの絵が好き」「音楽が好き」「世界観が好き」「戦闘シーンが好き」「声優が好き」「パッケージが好き」「規模（値段）が好き」「お尻が好き」など。

　シナリオ部分にかぎっても「セリフ回しが好き」「情景描写が好き」「ネーミングセンスが好き」「展開が好き」「お尻の表現が好き」など複数の要素が混在して、1つの作品を構成します。

　この中でユーザーが共感する部分が多ければ多いほど、"好き" な作品となり、ユーザー全体を通しての最大公約数が "人気要素" としての高い評価

を受ける要因なのではないかと思います。

　余談ですが、筆者は自身の作品に対して「百人の賞賛があれば、百人の批判がある」と考えます。

　"万人ウケ"とは正反対の思想です。

　賞賛の同等の数だけ批判がある。それは善し悪しは別問題として、それだけユーザーの心に楔を打ち込んだ結果であり、影響を及ぼした成果なのです。

　逆に筆者が恐れるのは、賞賛も批判もなく"何の感想もない"ということ。

　心に何も響かないのは、シナリオライターとしては無念この上ありません。

　故に、これはともに制作したスタッフから常に批難囂々なのですが、筆者は「1カ月で忘れ去られる良ゲーよりも、10年語り継がれるクソゲー」を目指して書いております("クソゲー"という単語は大キライですが、あえてそう表現します)。

　無論、「10年語り継がれる良ゲー」がいいですが、世の中そう上手くはいかないモノ。二択としたら貴方はシナリオライターとして、どちらのスタイルを選びますか?

•『シナリオライター自身が理解できないモノは書けません』

　では、この「共感される要素」が多ければ多いほど、人気が出るということなのでしょうか?

　答えは「その通り」なのですが、組み込むにしても限度があります。

　お互いに反発し合う要素もありますし、大量生産され過ぎて陳腐化している要素もあります。これを無軌道に組み込んでしまうと、ただただ媚びた内容になり、お互いを打ち消し合って評価を得ることは難しくなるでしょう。

　星の数ほどある要素を吟味・精査しながらシナリオに組み込むのが重要なのですが、1つ注意があります。シナリオライター自身が理解できない要素を組み込もうとしてはいけません。

　「これ、今人気のある要素だから」と、シナリオライター自身が共感でき

ていないモノを書こうとしても、本質が伴っていない上っ面だけの内容になってしまいます。

　シナリオライターが面白いと思っていない要素を、プレイしたユーザーが面白いと思うハズがありません。表面だけ取り繕った媚びた文章は、必ずボロが出ます。

　なので、シナリオライターとは常に自分のセンスを信じ、自身が "良い" と感じるモノをひたすら掘り下げて書くしかないのです。そうすれば、"同じ" もしくは "近しい" センスを持ったユーザーは、必ずその "要素" に関しては評価してくれます。

　また、共感した要素の最大公約数は少なくても "強烈な要素" を打ち出すことにより、その方向性に対して強い支持をもらえるかもしれません。

　要素が多いほど最大公約数も増えそうですが、実はその「質」も重要なのです。より高い「質」を作り出すためには、その要素に対する高い「知識」と「情熱」が必要なのはいうまでもありません。

・『自身の作品を語ってはいけません』

　少し人気の項目から離れますが、ユーザーのセンスの話題が出たので明記しておきます。

　シナリオライターは自身の作品の内容について、語ってはいけません。

　ゲームとは、ユーザーがプレイして受けた心証や感想こそが、そのゲームの本質であり正解なのです。特にシナリオ部分では顕著であり、例えユーザーの受け取り方がシナリオライターの意図した内容でなくても変わりはありません。ユーザーが感じたことこそが正解なのです。

　そこでシナリオライターが「あのシーンはこれこれこういう意図がありまして……」などの語り、それがユーザーの感想と相反した場合、ユーザーは「ボクの考えって違ってたのか」と思ってしまうことでしょう。

　ユーザーに "不正解" を突き付けることになり、それは何があってもして

はいけないことなのです。

あえて繰り返し述べますが、「**ユーザーが感じたモノこそ正解**」なのです。それを害するようなことを、シナリオライター自らが行わないようにしてください。

しかし、ユーザーの中には正解の確信が欲しい人もおり、イベントなどでその機会も多くある昨今、問い詰められる状況になることもあります。その場合、シナリオライターはどうにかはぐらかして「答え」を表明しないようにしましょう。

正解は常にユーザーの中にあるのですから。

③ 人付き合いは重要です

ゲーム業界はとても狭く、どこの会社とどこの会社、また誰と誰がつながりを持っているはまったく不明です。しかし、そこには確実に"見えないネットワーク"があり、いろいろな情報が日々交換させています。

それはフリーの立場にあるシナリオライター間にもあり、「某社のディレクターと喧嘩したって」「某社に未払いされたらしい」「声優さん孕ませて結婚だって。羨ましい」などなど。虚実問わず情報は入ってきます。

いい噂ならば問題ないのですが、悪い噂はできるだけ立てないほうがいいでしょう。この"噂"は結構、死活問題になります。

•『自分を知ってもらうために』

仕事内容も同じで、ある程度安定した仕事をこなしていくと「あのシナリオライターに任せれば内容は安心」という評価が付いてきます。そうなればシナリオライターとしても安心です。

いろいろなつながりを経て、仕事が舞い込んでくるようになります。その評価を崩さないよう堅実な仕事を続け、人と人との繋がりを大切にするためにも、他者が困った状況であればできるかぎり助けてあげましょう。

　妬みや嫉みも多々ある業界ですが、人となりが周知されていれば真偽もハッキリするので、"悪い噂"は立ちにくいモノです。その予防策としても、他者とは常に誠実に向き合い、日々交流を深めるよう努力しましょう。

　しかし……それこそシナリオを書くより難しいことだったりします。

•『業界の状況を知るために』

　日々の流行で変化していくゲーム業界は、1作品ごとに新鮮で発見に満ちていると評していいほどです。

　太古の時代、大きくて強い恐竜が生き残るではなく、環境に適応できる小型動物が生き残ったのと同じように、シナリオライターも時流に対応できる者が最終的に勝ち残ります。

　「イヤッ！ 俺は長生きするよりドカンと一発デカいの出して終わりたいぜ」と思ってるシナリオライターもいるでしょうが、ほどんどの場合は一発出せずに小型動物のまま息絶えてしまいます。

　大きな評価とは、数多く積み重ねられた経験の中から生まれるモノなのです。執筆自体は個人作業ですが、業界の変化を乗り切るには"変化の刺激"を共感するための周囲の存在が不可欠。

　筆者は文章的な協調性も低く、ソロ執筆が大好きなうえ引き籠もりがちなのですが、身近に同業者がいれば情報交換とともにお互いに仕事を斡旋しあうこともできます。それは新規企業とのパイプを増やしていくとともに、自身の活動範囲を押し広げる結果にもなります。

　自身の進化のためにもシナリオライター同士のつながりを大切にして、各々が助け合う環境を作るように心掛けましょう。

　それもやはり「言うは易く行うは難し」です。

④ 作風を構築しましょう

作品を出しつづけてくると、ある程度の「作風」というモノが身に付いてきます。シナリオの構成から文章のクセ、作品そのものの考え方というのは、自然と滲み出てきてしまうモノです。

複数人による共同執筆が主となった今では、この作風をどうにか消してフラットな文章を心掛けるべきなのですが、今後シナリオライターを目指す貴方に対して、大いに個性を発展させて"自己の文章"を追求してもらいたいと筆者は願います。

・『警戒される作風』

以前、完全萌え系美少女ゲームのシナリオ執筆を依頼されたとき、担当者に「筆者はバイオレンス臭が強いのでペンネームを変えてください」と言われたことがあります。

「では何故わざわざ筆者に萌え系を依頼する？」と一瞬思いましたが、プロのシナリオライターたるもの、得手不得手なくどのようなジャンルでも卒なく書けて当然。弱味を見せるワケにはいきませんし、そもそも筆者はどんなジャンルでも書くつもりでいます。

加えて筆者は自分の名前に強い拘りがあるワケでもなく、作者より作品を好きになってくれれば問題ないので快諾しました。

命名：姫はじめ

この新ペンネームに対し「そういう下品のじゃなくて、女流作家のようなシュッとスマートなペンネームでお願いします」という返答がきました。

筆者としては愛らしくも上品な名前と思ったのですが、シュッとしてスマートではなかったようです。

最初は「笛羅智世子」というちょっと古風な女性の名前も考えたのですが、

候補に挙げなくてよかったです。

　それにしてもペンネームでリテイクをもらうとは……。

　シナリオライター自身が作風に頓着していなくても、ディレクターを含め受注側は結構、作品から定着しているイメージを意識しているのだとわかりました。

　どのような内容でもシナリオライターにとって作風を感じてもらえるのは栄誉なことです。シナリオライターを目指す貴方も、明確な方向性を持って執筆に励んでください。

　どのようなジャンルであれ、揺らがない文章の積み重ねの先に"作風"は生まれるのです。その後、シュッとスマートな女性的ペンネームにして作品は完成しましたが、発売後、ネット掲示板の「女性シナリオライター」の項目に筆者の新ペンネームを発見したときはニヤリとしたモノです。

　別にペンネームに男女を示唆する部分はありません。「女流作家のような」という要望だったので、あえて女性シナリオライターを意識した文体にして作風も変えて書きました。

　フラットな文体だけではなく、慣れれば数パターンですが自由に作風を変えることも可能です。

　しかし、文体は自由に変えられても、ペンネームは自由に決められないとは……これいかに。

アテにならない佐野一馬流シナリオの書き方

① ここでは筆者の執筆の仕方について紹介します

シナリオの考え方やストーリーの組み立て方ではありません。それにこれはプロットから本文まで1人で書く「ソロ執筆」を前提にしておりますので、現在多くの企業が行っている作業方式とは大きく懸け離れております。

なので、余談として読んでください。

・『プロットはあえて詳しく作りません』

プロットを詳しく書いてはいけません。

最初からガッチリ詳しく書いてしまうと、執筆途中に「あぁ～、ここはこうしたほうがいい展開になるな」と思ったときに、なかなか変更できなくなるからです。

選択肢などはその場で考えることにして、プロットでは**ザックリとしたおおまかな流れだけ**でいいです。

「それでは完成した作品がプロットと全然違うモノになるのでは？」と疑問に思うかもしれませんが、それは後述します。例え最終的にプロットと違うモノになってしまっても、さらに良い内容になっていればいいのです。

ほかに重大な理由として、プロットに注力し過ぎてしまうとそこで燃え尽きてしまう可能性があります。プロットだけで完成したつもりになって、本文を書く頃にはやる気が失せてしまう場合があるので、覚え書き程度に書いたらすぐに本文に入りましょう。

プロットはユーザーの目に入りません。

ユーザーが触れる本文の執筆こそ、全身全霊を込めて取り組みましょう。しかし、現在の企業ではプロットがしっかりしていないと全容がわからないので、強制的に書かされる場合がほとんどです。「あえて詳しく作らない」と

いうのも、なかなか難しいのが現状です。

・『キャラメイクとエンディングだけ考えます』

　筆者は過去「筆が進まない」というスランプ状態に陥ったことがありません。なので、スランプ状態のシナリオライターの気持ちがまったく理解できません。

　以前、それはどうしてかと考えたことがあり、結果ストーリーの構築方法に要因があると行き着きました。

　筆者が重要視するのは**キャラメイクとエンディング**のみです。

　キャラメイクはできあがってきたキャラクターデザイン画を何時間も眺め続け、その個性を想像していきます。家族構成から生まれ育った環境、成長の段階で育まれた考え方、仕草や口調などのクセ、声や匂いなど、人間1人をそのまま構築する勢いで想像していきます。

　さらに重要なのはエンディングです。

　このストーリーで最終的に何をして何を伝えたいのかと考え、ゴール地点として設定します。

　明確なキャラメイクと明確なエンディングがあれば、シナリオライターの脳内でキャラクターたちはゴール地点を目指して勝手に歩き始めます。

　勝手に動き、勝手に会話をしてくれるのです。

　シナリオライターはその状況を文章に落とすだけの作業となります。

　無論、すべての状況を書き出しては膨大な分量になってしまうので、どこが必要でどこが不要なのかは慎重に選択しつつ状況描写を行っていきます。この状況描写のチョイスの方向性こそが**「作風」**となるのでしょう。

　万が一、途中でキャラクターが動かなくなった場合は、キャラメイクが不完全な証拠です。もう一度キャラクターデザインと睨めっこして、完全なキャラメイクを行います。そうすれば再び動き出してくれるので、またそれを文章に落とすだけです。

　余談ですが、キャラクターデザインによって、なかなか"個性"が出てこない者もいます。普通なら1人につき1〜2時間で固まるのですが、半日眺めていてもなかなか個性が構築されない場合があるのです。

　これは不思議なのですが、絵の上手い下手ではありません。社会一般的に"上手い"と称される絵でも、個性が感じ難い場合があります。

　逆に失礼な言い方ですが、"そこそこな絵"でもどんどんイメージが湧き出てくるキャラクターもいます。筆者はこれを**「活きている絵」「活きていない絵」**と表現しています。

　「魂が宿っている」など超常現象的な表現はしませんが、この違いがあるのは確実です。

・『セリフは考えません』

　前述したように筆者の場合、キャラクターは勝手に行動してくれます。

　シナリオライターは、それを文章化するだけです。セリフも例外なく、脳内でキャラクターが自由に喋ったモノをそのまま書くだけなので、筆者は考えません。否、セリフを考えてはいけません。

　時折、「ここでいいセリフ出したいな」「こんなセリフ可愛いかな」とか、欲を出してしまいたくなりますが、ここはグッと我慢です。それはキャラクターが発した言葉ではなく、シナリオライターが発した言葉なので作為的なセリフになってしまい違和感が生まれます。

　技巧を凝らしたセリフかもしれませんが、それは果たしてそのキャラクターが言うセリフなのか、冷静になって考えてみましょう。もし"言うセリフ"であるならば、考えずとも出てきているハズなのです。

・『キャラクターの基本は生身の人間』

　時折、プロットのキャラクター説明に、アニメや漫画のキャラクターの「〜ような感じ」という表記を見かけますが、キャラクターの基本は**実存する生身の人間**です。

　それをシナリオライターの手によりデフォルメすることで、**キャラクター**になるのです。なので、プロのシナリオライターを目指す人は是非とも生身の人間をよく観察し、キャラクター作りの素材にして欲しいと思います。

　人間観察こそキャラクター制作の基本なのです。既存のアニメやゲームのキャラクターは他人が調理した「料理」です。

　例えば牛肉を原材料とします。牛肉を渡された料理人Aが見事なステーキに仕上げます。そして、別の料理人Bがそのステーキを渡され、別の料理に仕上げるように指示されるのです。

　指示された料理人Bはできたステーキをミンチにし、別の肉を加えてハンバーグにしました。そのハンバーグを料理人Cに渡して再度、別料理にするよう指示。料理人Cはハンバーグを崩し、大量の野菜とともにスープに仕上げ、そのスープを渡された料理人Dは米を入れてリゾットにしました。

　皆、プロの料理人なので、最終的に美味しい料理になっていますが、その段階で原料の牛肉は見る影もありません。

　これをキャラクターに置き換えると、デフォルメにデフォルメを重ね続けた結果、最終的には「人間ではない何か」になります。

　リゾットが美味しい場合もありますので、その善し悪しは別問題として、シナリオライターは最初から「人間ではなに何か」を作るつもりなのでしょうか？

　最終的に美味しいリゾットを作るにしても、最初から牛肉を渡されていれば、また別のアプローチができるというモノだと筆者は思います。ちなみに筆者は、プロットとともにイラストレーターに対してキャラクター発注書を制作する場合、モデルとしてすべて実在するアイドルや女優、俳優を記すよ

うにしています。

　筆者が生身の人間をモデルにしているためですが、同時に「イラストレーターがこの"人間"という素材をどう料理するのか？」が楽しみなのです。

　出来上がったキャラクターデザインを眺めながら「なるほど〜なるほど〜」「あの女優はこういうイメージなのね〜」「雰囲気再現されてますね〜」「ほほほぉ〜」とニヤニヤするのもシナリオライターの醍醐味なのであります。

・『日ごとのノルマを決めましょう』

　実際に執筆するときの注意なのですが、毎日どれだけの分量を書くか設定しておきましょう。

　例えば、1日10キロバイトと決めたら、10キロ書き終わるまで頑張ります。調子のいいときは、20〜30キロバイト書ける場合もあるでしょうが、10キロバイトを超えたら早々に作業を切り上げて、あとは遊んでも構いません。とにかく設定した1日の分量は守って作業してください。

　よく「調子のいいときは1日○○キロバイト書けます」と言う人がいますが、ならばずっと調子が悪かったらどうするつもりでしょう？

　調子が良くなるまで待つつもりでしょうか？

　調子がいい日に50キロバイト書いたとしても、ほかの日がずっと2キロバイトしか書けなかったりしたら意味がありません。

　プロとして重要なのは、どのような精神状態であろうとコンスタントに書ける能力です。これができないとスケジュールが立たず、プロのシナリオライターとして続けられません。

　構想力や表現力以上に重要なスキルですので、日々意識しながら執筆してみてください。

シナリオライターを目指す貴方へ

　アダルトゲーム業界の現状をはじめ、練習法などを紹介させていただきましたが、いかがだったでしょうか？

　シナリオライターを目指す貴方にとって、少しでも指針となる要素になってくれると嬉しく思います。

　常に進化を続けるゲーム業界。そして、その中核を担うであろうシナリオライターの使命とは、どのようなモノなのでしょう？

　時代に合わせてその姿カタチを変化させいていくシナリオの需要。

　急激すぎる変化に戸惑うことも多々あると思いますが、文字を書くという仕事はそこかしこに存在します。

　その中でいかに時代に合わせつつ、自身の価値を見出していくか。そして、自身のシナリオを世に出し、ゲームの歴史を作っていくか。

　"ゲームの歴史"とは決して大げさなことではなく、1本1本のゲームの積み重ねがその時代を構築していくのです。

　未来、貴方の手掛けた作品がその一部にになることを期待しております。

NO GAME, NO LIFE ―人生すべてが企画のネタになる

大和 環

PROFILE

◎著者／ヤマト タマキ：ゲームの企画・シナリオライター。エロゲー多数。関わったゲームは、『luv wave』『將姫』『EVE ZERO ark of the matter』『EVE The Fatal Attraction』『いろは ～秋の夕日に影ふみを～』『Spicy Spycy!』『翼をください』など。

如何にこの世の中からネタを見付け出し、面白さに昇華していく、それが企画者の使命であり、楽しみではないでしょうか？

大和 環

夢を現実に変える、第一歩

まずは、企画書の役割を説明していきたいと思います。

新しいゲームを考えるとき、最初からすべての情報が揃っているわけではありません。断片から始まることが多いと思います。こんなルールのゲーム、こんな話のゲーム、こんな操作方法などなど、思いつく端緒は様々でしょう。

もしくは既存のゲームをプレイして、もっとこうだったらいいのにとか、何でこんなシステムにしたのかとか、自分だったらこうするのにとかそういったところから始まる場合もあるかもしれません。

その思いついたアイデアを整理し、そのゲームの最初から最後までを説明するのが「**企画書**」と言えます。まずは企画書を書き始める前に簡単に情報を整理しましょう。最初から何から何まで考える必要はありません。

❶ 内容を単純化・明確化する
❷ 何が面白いのか決める
❸ どこが金になるのか考える

この3点を最初に決めておくことが重要になります。

実はほかにも「作るのにどれくらいかかるのか？」が必要になる場合もありますが、それは企画者の立場や会社の方針によっても異なりますので、この項は別途あとで記すことにします。

①内容を単純化・明確化する

　企画書は自分のアイデアを他人に知らせるための書類です。それを一緒にゲームを制作する仲間や上司など様々な人に見て貰うわけですが、そのため、内容は「**単純明快**」でなければなりません。そうでなければ、相手は真剣に企画書と向き合ってくれないでしょう。

　例えば、貴方がシミュレーションゲームの企画を立てたとしましょう。しかし、説明する相手は、実はシミュレーションゲームが大嫌いかもしれないのです！　そんな人に自分が考えたシミュレーションゲームの面白さを説明しなければなりません。

　そこで有効なのが、**自分の考えたゲームを一行で表す**ことです。

「5分以内にダンジョンを解いて、宝物をゲットして脱出するゲーム」
「モンスターをたくさん作って、世界を征服するゲーム」
「艦隊を組んで異世界からやってきた敵と戦うゲームで、艦は女の子！」

　このように作りたいゲームを簡潔にまとめることによって相手に説明しやすくなるだけでなく、自分自身が企画を進めていくうえで、その目的を見失わないようにする大きな指針となります。

　ゲーム制作は生き物のようなもので、作っていく過程で新しいアイデアが生まれたり、流行が変わったり、うまくいくと思っていたアイデアに矛盾がみつかったりします。その試行錯誤の中で迷走してしまわないよう、作るゲームの基本線をしっかりと守るために、この一行は必要なのです。

　この一行が決められないゲームは、作る過程で必ずと言っていいほど破綻します。誰にでも理解できる指針がないために、必要ない要素を足してしまったり、逆に重要な要素を削ってしまったりして、結果的に何がしたいのかよく解らないゲームになってしまうのです。また、ひいては最終的にゲームをプレイしてくれるお客さんにわかりやすく伝える材料にもなります。

②何が面白いのか決める

　さて、どんなゲームなのかは定義できました。次に必要なのは、**このゲームの何が面白いのかを言葉にすること**です。どこに面白味を感じるかは人それぞれなので、面白さを客観的に観察することはとても難しいことです。ですのでここでは思いっきり、自分が面白いと感じることをそのまま本能にしたがって言葉にするのが一番手っ取り早いと思います。

　例えば、画面に入りきらないくらいのデカキャラを次々と倒していく爽快なゲームとか、絶妙なタイミングで謎解きをさせることによってユーザーの好奇心と達成感を刺激するゲームとか、ひたすら連鎖を楽しむとか、1000分の1でしか発生しない偶然をプレイヤーの操作で発生させその興奮を楽しむなどなど。

　こうして面白いと思う要素を言葉にできて、初めて一歩引いてその面白さを俯瞰することができます。つまり客観的に見れるようになるわけです。

- ・このゲームは何というジャンルのゲームなのか？
- ・これを面白いと感じる人たちというのは、どういう人たちか？
- ・この面白さを実現できるハードウェアは何か？
- ・すぐに飽きないか？
- ・ルールに穴はないか？
- ・ルールは公平か？
- ・クリアの条件は何か？

　これらのことを考えながら、何が面白いのかを検証し直しましょう。1つでも引っかかるところがあったら、①に戻って考え直す勇気も必要です。

　自分のアイデアが果たしてゲームたり得るかどうかは、この①②の往復で解るかと思います。

③どこがお金になるのか

3つ目は下世話な話です。

かつて、企画者は企画のどこが金になるのかなんてことを考える必要はありませんでした。というのも、**面白いゲームを設計することが即ちお金になること**だったからです。しかし、今はそれだけではお金になりません。

昨今では、ゲームそのものは無料で提供し、ゲームの中のどこかでお金を払っていただくというタイプのものが増えました。

そういったビジネスモデルのゲームを求められた場合は、どこがお金になる要素なのかを考えなくてはなりません。とはいえ、先ほどの①②によって「どんなゲーム」で「何が面白いゲーム」かというのは定義できているはずです。あとは①と②の価値を決めていく、それが③の**「どこがお金になるのか」**と言うことになります。

例えば、①の例にも出てきた「5分以内にダンジョンを解いて、宝物をゲットして脱出するゲーム」について考えてみましょう。

その面白さは「制限時間内に脱出しなければいけないというドキドキ感、その焦燥感の中で宝物を得るという満足感、ダンジョンの秘密を解くという知的好奇心、そしてこれら3つを同時にクリアしたときの達成感」だとします。

この情報だけでもお金にする要素はいろいろ見えてくると思います。

「制限時間」「宝物」「秘密」などです。

5分という制限時間を延ばせる課金アイテムを考えてみましょう。

「[機会A] ゲームを始める前に5分が6分になるアイテムが買える」のと、「[機会B] あともう少しでクリアできるけど時間が足りないときに、1分間制限時間が伸びるアイテムを買える」のとでは、心理効果が変わってきます。

しかし、一度 [機会B] で時間延長の有難味がわかったプレイヤーは、以降は [機会A] であらかじめ買っておくようになるかもしれません。このように、プレイヤーが満たしたい欲求とそのタイミングを見付けるのが肝要です。

また [機会B] のような売り方をする場合、ダンジョンで取れる宝物に様々

なインセンティブ（期間限定アイテムやレア度の高いアイテムが入っているなど）を施すことによって、時間延長アイテムを買わなければいけない動機を作り出すことができます。おっと、ならば今度は「宝箱の中身を充実させる課金アイテム」というものも思い付きますね！

　ここで忘れてはならないのが、クリアしたときの満足感をちゃんと与えてあげることです。そうすることによって、プレイヤーは次もまたその満足感を得たいと思うようになります。

　さらに重要なのが、失敗もさせることです。たまにしか成功しないからこそプレイヤーは成功を欲しますし、成功したときにより強い快感を得ます。かといって失敗が多過ぎると、やめてしまいます。

　これらは心理学の分野になってくるので、もし真面目に追求するならゲームとは別途勉強する必要があります。「スキナー箱」や「コンコルド効果」などを調べてみるといいかもしれません。きっとどこがお金になるのかを探すヒントになると思います。

　さて、①〜③の要素を揃えることができたでしょうか？
　ここまではメモ用紙、いわゆるアイデアノート。
　実際に企画書として、正式な書面に落とし込んでいきましょう！

◆小噺「文章を読まない人たち」

　企画書は様々な人の目に触れる文書です。会社のお偉いさんから、ゲームを作る同僚、制作をお願いする関連会社、広報・営業にいたるまで様々な人が読みます。上流から下流まですべての人が読むので、解りやすさやどの立場で読まれても違和感がないような、普遍性が必要となってきます。

　本来ならば、ゲームを作る人たち（制作サイド）・ゲームを売る人たち（営業サイド）・お金を出す人たち（上司やクライアント）にわけて企画書を作成するといいのかもしれませんが、そのコストは並大抵のものではありません。

　それでも貴方は社長やお金を出してくれる出資者などに企画を説明する必要が出てくるかもしれません。そういった方たちがゲームの造詣に深く、企画書を読み込んでくれる人たちであれば良いのですが、往々にしてそんなことはありません。

　彼らが興味あることはずばり、**「貴方の考えたゲームが儲かるか否か」**、それだけです。そして彼らは、ゲームの知識に乏しいことが多いでしょう。

　そういった人たちに企画を伝えるには、さらに踏み込んだ大胆さとわかりやすさが必要になることがあるかもしれません。そういった人たちには、先に説明した①～③をもっと簡単に明確に説明できる言葉があります。

　それは、**売れている既存のゲームの名前を使う**ことです。

　例えば「ドラクエみたいなゲームです」と言い切ってしまうこと。もしくは有名なIPを使う、有名なクリエイターを起用するといったものです。

　これらは著しくゲームとはかけ離れた部分の説明になってしまいますが、ゲーム云々よりも儲かるか儲からないかで判断する人に対しては、非常に有効な一手になります。また、会社によってはゲーム性や新しいアイデアよりも、むしろ過去に大ヒットを飛ばした人が関わらないとNGと決めているところもあるほどです。

　IP（Intellectual Property）とは、知的財産のことをいうのですが、単純に言えば有名で人気のある著作物だと思ってかまいません。有名な映画やアニメなどを使ってゲームを作ることを意味します。

　ただ、既存のゲームや有名な版権物の名前を借りるにしても、それらをしっかりと自分の言葉で表現できるようにしておく必要はあります。理由は、実際にゲーム制作が始まったとき、迷走しないようにするためです。

　どうしてそのゲームはこうなっているのかということをしっかり消化し、自分の言葉で説明できるようにしておきましょう。またそうすることによって、ゲームに関する新たな知見を得ることもできるはずです。

文章の書き方

　企画書にどんな文体がいいかとか何か書き方があるのかとかそういうのは特にありませんが、気をつけておいた方がいいことをまとめてみました。

①「〜です。〜ます。」調（敬体）か、「〜だ。〜である。」調（常体）は統一する

　どちらで書いてもかまいませんが、混ぜるのはやめましょう。

　混ぜる場合は、敬体・常体の場合わけをするといいでしょう。

　例えば、通常の説明文には「敬体」を使い、項目や見出し、重要な注目して欲しいところに「常体」を使うなどです。

> **例）**
>
> 敬体と常体を使いわけてみましょう。ここでは説明文を「敬体」で、項目を「常体」で表しています。
>
> ・ここでは常体とする。
> ・常体は伝えたいことをはっきりと断定でき、レポートなどの文書に適している。
> ・しかし、敬語が使えないため、相手に固い印象を与えてしまう文体である。
>
> 一方、敬体は親しみやすく、真実や事実よりも意図や意思を伝えることに適していると言えます。

②受動・能動の使いわけ

受動態と能動態の使い分けに注意しましょう。

例）

アイテムが獲得したら、このアイテム使用画面でアイテムを使います。

何か違和感を感じませんか？

正確には「**アイテムを獲得したら、このアイテム使用画面でアイテムを使います**」ですね。受動と能動はよく間違えやすいので注意して書きましょう。特に、ルールや必殺技、魔法の効果の説明などは、「**誰が**」「**誰に**」「**何を**」すると、「**どうなる**」という因果関係を整理してわりやすく書きましょう。

コンピュータのことを最低限でも勉強しよう

企画を煮詰めていくうえで、コンピュータのことを知っていると、とても役に立ちます。なぜならどんなゲームの企画書も、すべてコンピュータで実行されるからです。

パソコン のゲームだろうと、スマートフォンのゲームだろうと、コンシューマのゲームだろうと、パチンコ＆パチスロだろうと、すべてはコンピュータの上で動きます。ですから、コンピュータのことを知っていると、企画を立てるときに強い武器になります。

ここではすべてを説明することはできませんが、必要最低限の情報を記します。

①コンピュータの基本

・二進法とコンピュータの数の単位

コンピュータは「0」と「1」で処理しているという話は聞いたことがあ

ると思います。つまり、作ったゲームはすべて「0」と「1」になります。

『でも「0」と「1」だけだったら「Yes」と「No」しか判断できないじゃん！』って思うと思いますが、その答は簡単で、桁を増やせばいいのです（電気回路的には配線を増やします）。

2 桁の「0」と「1」があれば「00, 01, 10, 11」という 4 種類の数字を表せます。

4 桁に増やせば、「0 〜 15」、8 桁に増やせば「0 〜 255」、16 桁なら「65535」まで、32 桁もあったら「4294967295」まで表現できるようになります。

この桁のことを **bit** と言います。つまり、32 桁は 32bit というわけです。

ちなみに、8bit を「**1byte**」と呼び、32bit は「**4bytes**」と言います。

64bit コンピュータという言葉を聞いたことがあると思いますが、あれは 64 桁の二進数を一度に処理できるコンピュータということになります。

・RGB と VRAM

映像も当然、「0」と「1」で表しています。数字で何を表現しているかというと、明るさです。0 がもっとも暗く（黒）、255（二進法で書くと 11111111）がもっとも明るいです。では何の明るさかというと、**光の三原色の明るさ**です。RGB、即ち**赤・緑・青**です。

それぞれに 0 〜 255 の数値が入るので、1 つの点を表現するのに、24bit かかります（0 〜 255 は、8 桁の 2 進数で、8 桁の 2 進数のことを 8bit と言い、それが赤・緑・青のぶんあるので、3 倍して 24bit になります）。

フル HD と言う言葉があります。ディスプレイなんかに使われる言葉ですね。これはさっきの点が、横に 1920 個、縦に 1080 個並んだものです。ゲーム機はこれを 1 秒間に 60 回書き換えています。この 1 秒間に書き換える単位を **FPS** と言います。1 秒間に 60 回なら 60FPS というわけです。

さて、フル HD の 60FPS のデータ量を計算してみましょう。

　1ドットが24bit、24bitは3bytesです。ドットの数は1920×1080ドットですから、2,073,600個もあります。1個につき3bytesですから、2073600×3で6,220,800bytesということになります。これを1秒間に60回書き換えるので6220800×60で373,248,000bytes。ちなみに、辞書の広辞苑1冊が55,574,528バイトと言われています。つまり、コンピュータは6.7冊分の広辞苑を毎秒毎秒読んでは画面に表示していることになるのです。

　この色の明るさを格納しておく場所を**VRAM**と言います。PCのグラフィックボードでよくVRAM 6GBとか書いてあったりするのは、まさにこの点を格納する容量なわけですね。

　もう1つ画像に必要な要素があります。それは抜け情報です。

　ゲームで表現される画像は、様々な形をしていると思います。真四角ではありません。木なら木の形にくり抜く情報が必要になります。それを**アルファチャネル**と言います。

　これは0〜255の数値で表され、0だと透明、255でその画像をそのまま通します。つまり、1ドットにつき、RGBAの4bytesが必要になります。

② 3Dの基本

　3Dグラフィックというのは、どうやって実現しているのでしょうか？

　基本的には、コンピュータのメモリ上に仮想的に構築された3D空間に、表示したい様々な物体を配置し、その3D空間をどこからどの角度から見るか、そしてどこから光が当たっているか（光源）を定義することによって、その視点をディスプレイ（テレビやスマートフォンの画面）に表示します。

　ディスプレイが2Dのため3D→2Dに変換して表示します。今後ホログラフィックなど3D空間を直接投影できるような装置が普及したら、3Dのまま表示できる時代がくるでしょう。

・3D 空間

「X,Y,Z」、つまり縦・横以外に奥もある座標系のことです。そしてこれは、私たちが生活しているこの世界と同じですね。タンスも冷蔵庫も高さと幅以外に奥域があります。この現実世界を擬似的に模倣した世界が 3D 空間というわけです。

3D ゲームはこの 3D 空間をゲーム機やスマートフォンの中に作り出しているのです。

・ポリゴン

この 3D 空間に敵や障害物、主人公を置いて行くわけですが、それらはすべて△の平面を置きます。△よりも角の多い図形を使って作ることもできるのですが、ゲームの世界では計算しやすい△を使うことが多いです。

この大小様々な△を使って人の形やモンスターの形、はたまた山や木、建物を表現します。

・テクスチャとシェーディング

しかし、△の組み合わせでは、どうしても丸いものはカクカクしてしまいます。また、形は△で表現できたとしても、その材質までは表現できません。肌や金属、石、コンクリートといった表現はポリゴンだけではできません。

そこでテクスチャやシェーディングの出番となります。

テクスチャは、△の表面に 2D の画像を貼り付けてディテールを細かくします。例えば、石なら石模様の画像、レンガならレンガ模様の画像を△の上に貼り付けるのです。そうすることによって、ただの△が様々な材質に変化したり、車や飛行機に窓を付けたりすることができるのです。

さらにシェーディングによって、光源からの光が当たる場所、影のできる場所を計算します。これによって立体感が増し、三次元空間の現実感がぐっと増します。

④ネットワークの基本

　最近は、ネットワークを利用するゲームが当たり前になりました。現在のほとんどのゲームは、インターネットの仕組みを使って、通信を行います。

　インターネットで通信をやり取りするには、**IPアドレス**というものが必要です。アドレスという名前が付いているとおり、このIPアドレスがインターネットの世界の住所になります。そして住所ですので、絶対にかぶらないようになっています。

　つまり、通信をするにはこのIPアドレスを指定して、通信する相手を特定しています。

　IPアドレスは32bit（IPv4）と128bit（IPv6）の2つの種類がありますが、わりやすくするために32bitについて説明します。

　32bitを8bitにわけると、4つのブロックができます。

　IPアドレスの例：210.136.205.247

　1ブロックが8bitですから、1つのブロックが0〜255になります。つまり、インターネットの世界で存在できるアドレスは、0.0.0.0〜255.255.255.255ということになり、これは約40億で、インターネット上には40億台までのコンピュータが存在できることになります（もう少し詳しく説明すると、IPアドレスには会社内や学校内など、限られた場所で使うためにあらかじめ予約されている番号もあります。これをローカルIPアドレスというのですが、そのためインターネット上で使える番号はさらに少なくなります）。

　しかし、インターネットが世界中につながっている昨今、この40億では足りなくなってきています。そこで128bitのIPアドレスが発明されたのですが、まだ移行に時間がかかっているようです。

　ところで、このIPアドレスは人間には優しくありません。番号を覚える

のが面倒ですし、番号がいつか変わるかも知れません。そこで DNS という
仕組みの登場です。

　インターネットで、「www.sogokagaku-pub.com」というようなのを
見たことがあると思います。こちらをドメインネームといい、「www.
sogokagaku-pub.com」というのが、何番の IP アドレスなのかというのがイ
ンターネット上に登録されているのです。このドメイン ネームと IP アドレ
スの関係を登録しているサーバを **DNS サーバ**といいます。

　「www.sogokagaku-pub.com」にアクセスする場合、まず .com の IP アド
レスが登録されているサーバに問い合わせに行きます。この一番トップの
DNS サーバは世界に 13 台しかなく、この 13 台で全世界のコンピュータか
らの問い合わせに対応します。

　.com の DNS サーバに「sogokagaku-pub はどのサーバ？」と問い合わせ
ます。すると「この DNS サーバにアクセスしろ！」という返事が返ってく
るので、その返事に書かれている DNS サーバに「www の IP アドレスを教
えて！」と問い合わせて、初めて IP アドレスを取得できるのです。

　ゲームでは、この IP アドレスを変わらないようにしておき、直接 IP アド
レス同士で通信したりすることもありますが、様々な将来の拡張性を考慮し
て、このようにドメインネームと IP アドレスのセットで通信をやり取りし
ています。

　さて、IP アドレスによって通信する相手を特定できました。では実際に
どうやってその相手にデータを投げればいいのでしょう？

　その答が、**TCP ポート**と **UDP ポート**です。

　実際にネットワークの世界では、1 つのコンピュータと通信するなんてこ
とはあまりありません。常時、いろんなコンピュータと相互に通信していま
す。特にいろんなコンピュータに情報を提供する役であるサーバは、たくさ

んのコンピュータから要求を受けて、それに答えなければなりません。ですので、同時にたくさんの通信ができるように TCP と UDP というポート（つまり港ですね）があるのです。

　このポートは、16bit の長さが与えられているので、0 ～ 655365 番まで指定することができます。TCP と UDP の違いは、正確性の違いです。

　TCP は送ったデータをチェックする機構が含まれています。一方、UDP はデータがネットワークの経路上で壊れてしまってもそんなのお構いなしにデータを送り続けることができます。TCP は正確さを、UDP は正確さよりも速度を優先した通信といえます。

　具体的には、前者はプログラムやセーブデータなど絶対に壊れてはいけないデータのやり取りに、後者は動画や音楽など少々不正確でも問題ないデータのやりとりに使われています。

⑤音を数字で表す方法

　最後に、音をコンピュータがどうやって扱っているのか説明します。

　音は波形で表すことができます。この波形を数値にしてあげれば、コンピュータでも音を扱えます。これをデジタル変換といい、D/A コンバータという機械で行います。

　波形は縦の軸が音量、横の軸が時間を表しています。つまり、波形とは時間の経過とともに音量がどのように変化したかを記録したものなのです。

　ということは、この音量と時間を数値化すれば良さそうです。

　音量はそのまま数字で表します。コンピュータなのでもちろん二進法です。0 と 1 だけでは鳴ってるか鳴ってないかしか判別できませんが、8bit あるとだいぶ音が判別できます。

　でも、まだザラザラしたノイズっぽい音になってしまいます。16bit あるとかなりクリアになりますが、普通の人はこれ以上細かくしても聞きわけられないくらいの音になります。

現在、CD をはじめ音楽配信でも 16bit の音質が使われています。この bit 数を「**量子化ビット数**」と言います。

一方、時間ですが、これは 1 秒間にどれくらいの頻度で音量値を測定するかを表します。

例えば、1 秒間に 1 回しか取らなかったら、言葉も音楽も表現できません。現在の主流は 44100 回もしくは 48000 回です。つまり、44100 個の 16bit の音量値で、1 秒間のデータ量になります。これを「**サンプリング周波数**」といいます。44100 回を 44.1kHz、48000 回のほうを 48kHz と表現します。

最近では**ハイレゾ音源**という言葉を聞くようになりました。これらはさらに細かい量子化ビット数とサンプリング周波数で、音を記録しているのです。

以上、駆け足でしたが、最低限のコンピュータとゲームで扱うデータの仕組みを解説しました。これを足がかりに、もっともっとコンピュータのことを勉強して欲しいと思います。

最近流行の AI なんかも学べば、新しい企画のアイデアを考え付くかもしれません！

他人のアイデアを企画書に起こす

企画者は、自分のアイデアだけを企画書にするとは限りません。

同僚や上司、またはクライアントの希望や夢を聞き取り、それを企画書に起こすということもします。

つまり、自分のみならず、いろんな人のアイデアを解釈し、その人たちの意図を説明する書類を作ることもあるのです。

たとえ他人のアイデアであろうとも、企画書を作る方法はそんなに変わったりはしません。前述の「**①内容を単純化・明確化**」「**②何が面白いのかを決める**」「**③どこがお金になるのか考える**」の 3 つがしっかりしていれば、

他人のアイデアでも企画書にすることができるはずです。

　他人のアイデアを企画書にするときに重要なのは、その他人の意図をしっかりくみ取ることです。また往々にして、聞き取りでの企画化は曖昧な表現、漠然とした表現が横行します。そのため企画書に落とし込んでも、何度もリテイクを出されてしまうこともあります。これは、発案者が頭の中でアイデアをきちんと固めないまま話しているのが原因です。

　そのような無駄を防ぐためにも、発案者のヒアリングには以下の点を注意するといいでしょう。

①レスポンスを返す

　発案者のハッキリと決まっていない部分、なんとなく説明している部分には、こちらから具体例を出して、発案者のアイデアをより明確化していきましょう。

　「○○みたいな感じ」とか「○○と××を融合させて」みたいなことを言われたとき、「○○のどの部分にその発案者が注目している」のか、「××のどこと○○の何を融合させるのか？」、また「○○や××の魅力は何か？」といったことを発案者から聞き出していきましょう。

②創造力を膨らませる

　レスポンスを返すのは大事なのですが、どうレスポンスを返すかは企画者の引き出しの多さにかかっています。発案者の説明が曖昧すぎる場合、様々な解釈ができてしまいます。単純に「○○みたいな」と言われたときに、何を持ってして「○○っぽいのか？」というのを考えるわけですが、その「○○っぽさ」に対するクライアントとあなたのイメージは、違っているかもしれません。

　ですから発案者から話を聞いたときに、発案者が頭の中で思い描いている

ことを的確に言い当てるには、企画者自身にたくさんの引き出しがなければなりません。それこそ「○○みたいなもの」と言われたときに、何十通りものアイデアが思い浮かべば、その中のどれかに発案者のアイデアが含まれているかもしれません。

また、発案者自体に明確なビジョンがない場合もあります。

そうした場合も、企画者が発案者のアイデアをより具体的に導くことによって、よりハッキリとした企画に持っていくことができるのです。

◆小噺「スケジュールと予算」

企画者は、企画したゲームが完成するまでにどれくらいのお金と時間がかかるのか、ある程度見積もらなければならないときがあります。これはなかなか難しい問題であり、経験がもっとも必要なスキルといえます。

また、コンピュータのことがある程度わからないと、プログラムや絵、音のデータ形式によっては、見積もりなんて立てようもない場合もあります。いくつものプロジェクトを経験し、何にどれくらいの時間とお金がかかるのかを感覚でつかんでいくしかありません。

その作業が過去と同じものだったとしても、担当する人や会社が異なると、期間と金額が変わります。となると、今度はお付き合いするスタッフや外注さんの能力まで知っていなければならなくなります。

もちろん、そこまで把握して細かいスケジュールや予算を出すのは企画が通ってから、ディレクタやプロデューサがやることなので厳密さは求められませんが、かといっていい加減な数字を提示するわけにもいきません。

上司やクライアントから「半年で作れる企画を立ててくれ」とか、「1億円で作れる企画を立ててくれ」と言われることもあります。

ゲームは企画内容によって作るプログラムもデータも異なるため、本書で何がどれくらいかかるのかをお教えすることはできませんが、スケジュールや予算を見積もるうえで考えておかなければならないことはあります。

・知らない作業については詳しい人に聞く。
・取引のある外注の情報を把握しておく(書面で残すタイプか口頭すますタイプかとか、納期は守る／守らないとか、クオリティの高低など)。
・プログラマの噂話を聞いておく(レベル差がもろに出ますので、どのプログラマがレベルが高いのか、また得意分野などを他のプログラマから聞き出しましょう。本人から聞くよりも他のプログラマから聞いた方が正確な場合が多いです)。
・自社で持っている開発ツールやミドルウェアを把握しておく。
・自社の過去のプロジェクトの開発期間や予算を聞いておく(過去のプロジェクトで起きたトラブルも把握しておくとよいでしょう。特に外注さんやクライアントさん側が原因のトラブルがなかったかが重要です)。
・自社の得意な分野を把握しておく(シミュレーションが得意とかアクションが得意とか、2D よりも 3D が得意とか実はネットワークのプログラムに秀でている等々)。

　これらの情報は、社内でアンテナを張っておいてしっかり情報収集しておけば、概算とはいえ、より確度の高いスケジュールと予算を立てることができると思います。

企画的思考法

　企画者は普段の生活の中で、常にネタを探すことが大事です。
　それこそ身の回りのことからテレビやネットで見る事件、話題などすべてに目を向ける価値があります。選挙の動向を見るだけでも大衆心理が透けて見えてきますし、凶悪犯の動機やその事件の内容も参考になるかもしれません。
　話題になったファッションや食べ物も登場人物に厚みを持たせるのに役立

つでしょう。

　ほかにも毎日生活していて、偶然起きる様々なこともネタになります。無意識に蹴っ飛ばしたゴミが、偶然ゴミ箱に入ったとかでも何かに使えるかもしれません。近所のスーパーでの安売りの方法が意外にも課金システムの新しいアイデアにつながるかもしれません。

　日々生まれる新しい技術や新しい発見などもゲームのネタになります。

　私たちが生きているこの世界すべてがゲームのネタといえると思います。そして、企画者はそれらをめざとく観察し、新しいアイデアを生み出したり、ゲームになりそうなネタに転化したりするのです。

　私たちは会社に行ってアイデアを練ったり、企画書を書いたりするのだけが仕事ではないのです。生きていることすべてが企画者である私たちの仕事なのです。

　その中で、如何にこの世の中からネタを見付け出し、面白さに昇華していく、それが企画者の使命であり、楽しみではないでしょうか？

◆企画書の構成◆

表紙になります。登録商標の関係もあるので（仮）を必ずつけましょう。キャッチコピーは憶えやすいものを考えましょう。五七調とかけっこう語呂がよくなります。

タイトル（仮）

サブタイトル や キャッチコピー

2020/3/6　　　　　　　　　　YAMATO Tamaki　　　　　　1

Page：1

①コンセプト

・企画のコンセプトやこの企画を発案するに至った経緯など。

・なるべく短めの文章で、一つ一つ明確に！

・企画書内で何度も使う単語があったら、それを強調！
　（例：協力プレイ、コレクション要素、爽快バトルなど）

企画書には必ずバージョン番号を記しましょう。簡単なのは日付をつけることですが、第○○版とか Ver.○○とか数字で書いても OK です。

2020/3/6　　　　　　　　　　YAMATO Tamaki　　　　　　2

Page：2

191

◆企画書の構成◆

②ジャンル

- いわゆる「RPG」とか「シミュレーション」といったゲームのジャンル。
- そのジャンルを選んだ理由も書きましょう。
- オリジナルのジャンルを創出してもかまいませんが、誰にも解らないような内容になってしまうくらいなら、既存のジャンルを当てはめましょう。
- 既存のジャンルに付け足してもよいです（南の島で女の子と過ごすADVとか、リアルタイム世界征服シミュレーション ゲーム等)

2020/3/6　　　　　　　　YAMATO Tamaki　　　　　　　　3

Page：3

③訴求ポイント

- 企画の売り、ターゲットとするユーザー層を説明します。
- どんな人に遊んで貰いたいのか？
- どこが面白いのか？
- なにを求める人たちに売りたいのか？

2020/3/6　　　　　　　　YAMATO Tamaki　　　　　　　　4

Page：4

◆企画書の構成◆

④ゲーム内容

- ゲームの簡単な説明をします。
- ルールや遊び方、導入からゲームのサイクル、何をするゲームで、プレイヤーはどこを楽しむのかなど。
- ①のコンセプトに沿った説明ができているか確認しましょう。コンセプトから外れたら、①から練り直しましょう。

2020/3/6　　　　　　　YAMATO Tamaki　　　　　　　5

Page：5

⑤ゲーム内容─舞台背景や登場人物

- ゲーム性以外の部分を説明します。登場人物や舞台となっている背景世界の説明などです。
- ストーリーや世界背景が無いゲームは無理に作り出す必要はありません。
- 背景世界や登場人物で売りになるような項目があったら書いておきましょう。例えば世界観が独特だったり、アクの強いキャラクタやゲーム内容を左右する生い立ちを背負っているキャラクタなどです。

2020/3/6　　　　　　　YAMATO Tamaki　　　　　　　6

Page：6

◆企画書の構成◆

⑥マネタイズ

- 基本プレイ無料ゲームの場合に必要です。
- どこでお金を取るのかを説明します。
- ③の訴求ポイントに照らし合わせて設計していきます。
- お客さんが感じるストレスとその開放に着目します。ストレスとは面倒に感じる操作や、なかなかクリアできない状況などです。そこにお金を払うことによって克服できることを提示して、お金を払う動機を与えます。

2020/3/6　　　　　YAMATO Tamaki　　　　　7

Page：7

⑦ゲーム終了条件

- どうなるとエンディングを迎えることができるかを説明します。ストーリーがあるなら、オチなどもここで提示します。
- ネットワーク ゲームなど終わりのないゲームの場合は、エンドコンテンツについて説明します。
- エンドコンテンツとは最終的にお客さんが行き着くコンテンツのことを指します。例えば、コレクション要素であるとか、自分の街や領土を発展させていくとか、そういった終わりのない、いつまでも発展し続けられるようなコンテンツを用意します。

2020/3/6　　　　　YAMATO Tamaki　　　　　8

Page：8

◆企画書の構成◆

⑧スタッフィング

- 制作に関わるスタッフについて触れます。
- 基本的には社内で担当して欲しい人を書きます。
- 有名なクリエイターを起用する場合は、この項目が企画書の前のほうにあってもよいかもしれません。
- 有名なクリエイターを起用する場合は、その代表作品や制作物を一緒に添付することにより、注目度がアップします。

2020/3/6　　　　　YAMATO Tamaki　　　　　9

Page：5

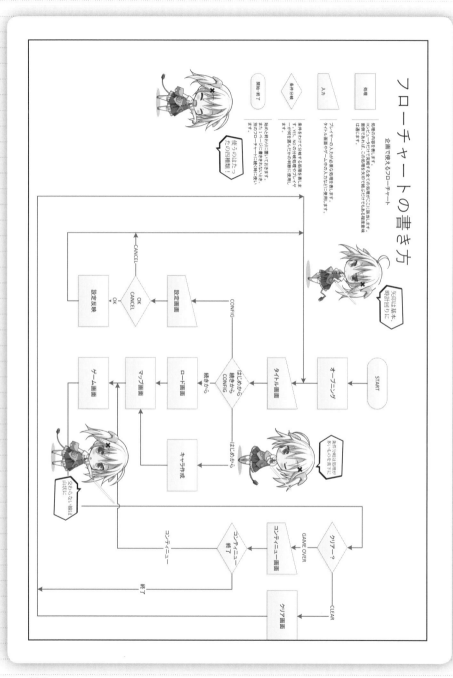

フローチャートの書き方

企画で使えるフローチャート

処理
コンピューター内で実行するすべての処理がここに該当します。コンピューター内部で行なわれる処理なので、画面では表示しません。この処理を矢印だけで繋いでいくのは厳禁です。

入力
プレイヤーの入力がある処理を表わします。タイトル画面やゲーム中の入力などに使用します。

条件分岐
条件をさばいて分岐する処理を表わします。YES、NOの分岐や繋ぎ先がプレイヤーが何度も読み込むなどの判断に使用します。

開始or終了
初めと終わりに書いておきます。または1ページ内に書ききれないとき、別のフローチャートに繋ぐなどに使用します。

使うのはたったの4種類！

矢印は基本、時計回りに

矢印は基本、多いものを先に

これからわからない時は山ほど出ます

START → オープニング → タイトル画面

CONFIG

はじめから／続きから → CONFIG

設定画面 → OK／CANCEL → 設定反映

CANCEL

OK

ロード画面 → マップ画面 → ゲーム画面

続きから

はじめから → キャラ作成

クリア？

GAME OVER

CLEAR

コンティニュー画面 → コンティニュー

終了

クリア画面

終了

ゲーム制作という《航海》に出航する

門司

企画書は、誰も見たことのない海へ漕ぎ出す「船の設計図」のようなものです。どんな船を作るのかは、企画者が決める必要があります。

門司

企画書の書き方

　企画書や計画書と呼ばれるものは、世の中に多数存在しますが、あまり人目には触れないものなので、馴染みのない方も多いでしょう。それだけに、「何を書けばいいのか？」という疑問が浮かぶものです。

　社会に出る、または出る前に、企画書を作るという作業を学ぶこともありますが、教育機関で学んでも、実際、技術を活かせるかどうかは難しいものです。その理由は、企画書は提案先の素性や特性、都合を考慮して作成することが適切だからです（ほかにも問題はありますが、後述します）。

　私は、一般企業勤めのあと、現在は独立しゲーム制作とは関係のない会社を作りましたが、かつてゲーム制作などをしていました。

　プランナーやディレクターと呼ばれる職業は、企画を作り、企画通りに進行を管理し、企画通りに作品を完成させるということが仕事です。つまり、徹頭徹尾、最初から最後まで企画とにらめっこしながら、作業を進めて行くのです。企画というものは、遠い航海へ出発するために用意した「**船（の設計図）**」と同じです。

　ゲームの開発中に、いったい何度、企画書に目を通すのでしょう。開発現場において、作業をしている人の手元にはいつも企画書や仕様書があります。そういった、とても重要でありながら、あまり実態を知らない。謎の存在「企画書」。

　まずは、「企画書」の中身について説明したいと思います。

企画書に書くこと

　一般企業とゲーム会社の双方を、幸運にも私は経験することができました。今も頻繁に企画書を書いています。私が言えることは、企画書の書き方という分野においては、**業種業界による違いはない**、ということです。

　もちろん、まったく同じではありませんが、9割方、一緒です。「ゲームの企画書というものは、一般的な企画書と大幅に違うのではないか？」といったことはありません（無論、業界を知らなければ魅力的な企画書になり得ないでしょうが……）。

　企画書に書くべきことは、以下の通りです。

① 　タイトル、表紙、目次
② 　企画の趣旨（目的）
③ 　この企画を提案する理由（裏付け）
④ 　ターゲット
⑤ 　コンセプト（本題）
⑥ 　実現させるために必要な要素の整理
⑦ 　期間と費用、もたらされる利益

　なお、近年、企画書は PowerPoint（パワーポイント）を用いて作ることが多くなっています。パワーポイントでなくとも良いとは思いますが、絵や図表などを多く配置し、プレゼン形式で説明するかたちが標準です。

① 意識するのは人の目！

　タイトル、表紙はとても重要です。もし、企画書を作るなら、この最初の項目について最後までこだわるべきです。企画書というのは、99％他人が

読むものです。何にしてもそうですが、見るならキレイなものを見たいのは
当然です。

　タイトルは、ゲームの内容をほかの人に伝えるための最初のキーワードと
なります。タイトルで読者を引き込めなければ、採用はあり得ません。でき
れば表紙に自分の企画書らしいデザイン、イラストを添えてください。それ
は企画書案の内容を端的にあらわすデザインであるほうが望ましいです。可
愛い女の子が出るゲームならイラストを添える。大きな龍、剣、銃、なども。

② 企画の趣旨は簡潔に！

　企画の趣旨や目的の部分は、なるべくコンパクトにまとめましょう。まえ
のめりになって、前段から数多くの説明をしてはいけません。

　ものには順序があるのです。「**当企画書でご提案させていただくゲームは、
多人数で行う格闘アクション・サバイバルゲームです**」と、４〜５行程度で
構いません。計画のすべてをあらわすのではなく、特徴を端的かつ明確にま
とめましょう。

　相手に読み進める気になるような文言やキャッチコピーなどがあれば、こ
こに書くのが理想です。

③＆④ 裏付けは入念に。ターゲットはデータから導こう！

　次に、企画を思い付いた理由を説明する必要があります。

　あなたの企画をなぜ採用すべきなのか、主観的ではなく、客観的に、デー
タで説明を積み上げていきます。重要なのは**下調べ**です。

　統計調査、消費者アンケート、近年の業界売上、類似品、雑誌の人気ラン
キング、人気のあるアニメや漫画、ドラマ、スポーツ……。それらのデータ
を参照した結果、自分の企画が的を射たものであるという証拠を突き付ける
のです。ここでは「漫画家さんとコラボレーションしたバトルロイヤル式対
戦型オンラインゲー」の企画を例として、書いてみましょう。

企画のターゲット（1）

・若年層にヒットを放つ人気作家をイラストに起用！

2018年度コミックス作品別売上本数	（単位：万冊）
Prince Of Legend	1150
ダークハント	664
月影のみえるころ	580
巨人の進撃	551

※全国書店協会発表資料より

連載雑誌の購買層

【人気の理由】

・ 王道のストーリー
・ バトル要素
・ コミックスの購買層は10代が7割
・ 漫画評論家〇〇氏も支持
・ 今一番売れているコンテンツ

企画のターゲット（2）

・人気のゲームハードSの購買層分析

ゲームハードSの購入者層

ゲームハードSの
オンラインプレイヤー率

※週刊ゲーム通2017年プレスリリース資料より

オンラインプレイヤーの6割が24歳以下
若者に人気のコンテンツ×オンラインバトルロイヤル×
人気ゲームハードSという組み合わせは『鉄板』
既にオンライン対戦の土壌が出来ているため
ターゲットが明瞭でコンテンツが作りやすい！

文中イラスト：VEGL.

201

⑤ コンセプト、主題は大きく！

　データで主題への弾みは付けました。主題では、いよいよ作品の全貌が明らかになります。

　ターゲットは割り出せました。消費者が求めるものも概ね分析できました。だが、それでも商品が売れるとはかぎりません。当然、分析したことが作品に反映されており、かつ、深い視点で描かれていなければならないのです。

　あなたは企画の発案者ですから、この企画で作成されたゲームが面白いことは想像が付くでしょう。ですが、聞いている人、読んでいる人はどうでしょうか。RPG が好きな人も、アクションゲームが好きな人も、FPS が好きな人もいるわけです。常に相手の立場に立って、わかりやすく楽しさを伝えましょう。「叩く、音が鳴る」などの操作的な楽しさを、例えば試作した装置や音源を使って説明しても、勿論かまいません。

⑥ 企画に必要な要素は事前に調査を

　これが企画書ではなく設計書だった場合、もしくは仕様書だった場合には、企画に必要な人員、開発期間、工程表、予算などが必要ですが、企画書（特にまだプロジェクト発足前の企画書）では、わからない要素も多くあります。

　ここでは、**わからないことではなく、どうしても必要な要素**について書きましょう。例えば「この企画には漫画家の〇〇先生の協力が必要」「できるだけ精細な森、海の 3D モデリングの製作技術」「動物の音声の収録」などです。これらは、**企画の説得力を補完する効果**もあります。

　言うまでもないことですが、どう考えても無理な物事を書いてはいけません。皆、企画が実現するかどうかについてを知りたいのです。極端な話、企画書に「すでに作家先生と交渉中である」と書けるのが最良です。もちろん、プロトタイプをすでに作ってある、というのも良いです。

　提案しようとしている相手が、あなたの無理難題をすべて解決してくれるわけではないのです。企画提案を通したいのであれば、モデルデータを用意

できる道筋であったり、キャラクターデザインであったり、すべてではありませんが、相手が進めやすい環境を整えなければなりません。

　無論、そういう無理難題を努力によって解決するというのであれば、難しいですが、その主張を理解してもらう必要があります。

⑦ 費用と利益は意気込みの証

　費用と利益についても、企画段階ではそれほど精細なものは必要ありません。あなたがもし、すでにその会社の一員であるなら「10 人のスタッフで開発期間半年、予算は 5000 万円。内訳は広告費 300 万円。機材費が 100 万円……」と、簡単なものでも良いでしょう。

　なかでも重要なことは、**販売数の予測**です。

　1 万本、2 万本というかたちで、具体的な販売本数に言及することが重要です。500 円で 1000 本販売するミニゲームの案なのか、7000 円で 1 万本売る案なのかハッキリさせなければいけません。それも企画の実現性という面で重要なことです。本数の予測が難しいと思う場合、類似したゲームの売上を参考にしてください。例えば、『STEAM』[*1] には、世界中のインディーズ・ゲームが登録されています。自分の作りたいゲームに近いゲームも見つかるはずです。

＊1）アメリカの Valve Corporation によって運営されているゲームプラットフォーム。2020 年 8 月現在、3 万タイトル以上のゲームが登録されている。(https://store.steampowered.com/)

さて、ここまで書いてきましたが、私が企画書として重視する最大のポイントは、

① **実現可能性**
② **タイトルの面白さ**
③ **ターゲットの分析**

以上の3つです。

選考する人は時間が勿体ないので、企画書のすべてを隅々まで見ることはあまりありません。5〜6ページ。下手をすると3ページ目あたりで落選もあります。「**タイトルがつまらない**」「**何が作りたいかわからない**」「**分析の着眼点がズレている**」「**ひとりよがりな企画**」「**自分では面白いつもりかもしれないが、つまらない**」「**長い**」などです。

『せっかく長い時間を掛けて書いた企画書にそんな評価はあんまりだ！』そう思うのも当然です。しかし、逆に考えてみてください。あなたがプロで、提案者はアマチュア。その意見を何十分も時間を掛けて検証することはあるでしょうか？

ないでしょう。

とどのつまり、企画書というのは、相手を『ソノ気にさせる』のに必要な資料を揃えることです。採用されないということは、相手の視線から見てその企画書に不足する部分を感じているからなのです。

社会というのは利益で動いています。利益をもたらす「予感」のある企画書を目にしたら、次は実現の可能性を考えるのです。ディレクターやプロデューサー、社長、それらの人たちが考えることは、**作品が企画書通りに完成し利益をもたらすかどうか**、その一点です。企画書に書くべきことは、まさにそれなのです。

「グッとくる」アイデアの出し方

　アイデアというのは、我々の周囲に満ち溢れています。私は普段から考え事をしたり、アイデアを出そうとするときは、いろいろなことをします。

　例えば、落ち着いたカフェで普段読まない種類の雑誌を読むほか、車で知らないところをドライブします。普段触れないもの、普段見ていないものを見ることで、脳に新鮮な刺激を与えます。テレビ、映画、ゲーム、ラジオ、インターネット、雑誌・本などからヒントを得ることもありますが、景色を見ることも多いです。

　街を歩いてみましょう。看板、広告、信号機で一斉に動き出す色とりどりの車、様々なデザインの標識、ゼブラ柄の横断歩道、高い電柱、通行人の服や持ち物、公園で遊ぶ子供、雨上がりの水たまり、列をなして歩くアリ、花壇の花に止まる蜂。大輪の紫陽花、老人と子供、水路、アスレチックジム。

　野山を歩いてみましょう。ゆったりと流れる大河、細く曲がりくねった急流、登山道、切り立った険しい崖、幽霊が出そうな朽ちたあばら家、湿地帯、カエルの鳴き声、自由気ままに泳ぐ魚、魚釣りをする人、枯れ枝を踏みしめる足音、夏の暑さ、一斉に鳴くひぐらし、木々を揺らす風、開けた砂浜、潮騒、打ち捨てられた透明なガラス瓶、遠く波間の向こうに見える旅客船。

　考えてみてください。**世の中にあるほとんどのものが、何かの成果物**なのです。何となく存在しているのではありません。求められたり、帰結だったり、必要だからそこにあるのです。

　物を見て、それが、なぜ、そこにあるかをイメージしてみると、この世界は実に不思議な組み合わせから生まれていることに気付きます。

　例えば、海です。海は遥か昔、緑色をしていたといわれます。それは硫化物や青酸化合物が満ちた死の海。しかし、有機物の泡から生命の源が誕生し、シアノバクテリアが生まれ、生物の居なかった海は酸素と生命を生み出して

いきました。かつて、この生命の誕生と進化をテーマとした『**46億年物語**』[*2]というゲームがありました。生命を作ったり、育てたりという要素は、今日も多くのゲームで採用されています。

　考えてみてください。「海を作るゲーム」だけでなく、「山を作るゲーム」「森を作るゲーム」、それだけでもなかなか面白い要素がありそうです。

　山は、パズルゲームのように積み上げることで山谷ができるとすると、どうでしょうか。そこに生物が生息していたら面白いでしょう。

　水が流れ侵食が起きて、なかなか思い通りのかたちにならないのです。動かすと崩れてしまいます。タッチアクションを使って、きれいに整地しなければなりません。妨害もあるでしょう。うまくできたときには、結果をネット上に公開できるシステムもあればいいですね。

　森を作るゲームは、森に住む生物を育てて強くして対戦するタワーディフェンス型のゲームにしましょうか。森が成長する方向性が森に住まう生物の強さや種類を変えていくのです。相互作用や相性、エネルギーサイクルを考慮しながら森を成長させていくのは、なかなか難しそうです。

　このようにアイデアというものは、世の中に多く存在しているものです。目に見える表面的なものではなく、その中身を想像してください。それを取り巻く構成物を考えてみてください。それを組み合わせたり、変形させたり、違う視点で見てください。奇妙であっても異常であっても、物理法則に反しても、ゲームであれば関係ありません。面白ければいいのです。

*2）株式会社エニックスから発売されたコンピュータゲーム（RPG）。地球誕生から30億年の時を経て魚類となった主人公が、生存競争を経て様々な生物に進化しながら、人類（または人類以外）の系譜を辿っていく。

ゲームを（そのまま）真似するな！

　個人的な意見を言いますと、**ゲームはゲーム作りのアイデアの素としては向いていない**ように思います。他者（社）の作成したバランスを模倣するのは難しいからです。

　アイデアを作るときには、特にバランス感覚を必要とします。ゲームバランスという狭い範囲のバランスも重要ですが、それはあとの話です。要素同士のバランスを重視しなければいけないのです。例えは悪いかもしれませんが、寿司ネタのトロは確かに美味しいでしょう。

　では、トロしかない寿司屋は、果たして繁盛するでしょうか？

　恐らくしません。それは多様性を無視しているからです。ほかのゲームをモチーフにする危険もそこにあります。

　ゲームはあまり多様なターゲットを狙うことがありません。老若男女関係なく楽しめるゲームを作ることを、多くの場合、求めはしないのです。それは非常に難しいことだし、ターゲットを絞り込む時点で、そのような企画は途方もないとして採用されないでしょう。

　つまり、現在皆さんが知っているゲームというのは（よほど思い付きで作ったものでもないかぎり）企画、仕様段階でシェイプアップされ、結果的に「トロ」が好きな人にだけ作ったものなのです。

　しかし、それは「多数のネタを吟味した結果、トロが残った」に過ぎません。ほかのネタは選別した結果、結果的に落選したのです。

　寿司から話を戻しましょう。

　つまり、いらないものを削ぎ落とし、面白い要素だけを残した完成品、それが売れているゲームです。

　ゲームを見て、その要素を真似ると、とてもおかしなものができてしまう

ことがよくあるのは、これが原因です。本当の作り方は知らないのに、見え
ている部分だけを真似しようとしているのです。劣化コピーといえるかもし
れません。非常に稀なケースを除くと、概ね参考にしたゲーム以上のものは
作れません。

　ゲーム会社Mojangの開発者ノッチ氏は、『Infiniminer（インフィニミナー）』
と『Dwarf Fortress（ドワーフ・フォートレス）』を参考にして大ヒットした
サンドボックス型ゲーム『Minecraft（マインクラフト）』[*3]を制作しましたが、
結果的には両者の要素を取り入れたうえで、噛み砕いて、独自のゲームを作
り上げています。

　オープンワールド×サンドボックスという『Minecraft（マインクラフ
ト）』の影響は多大で、類似のゲームをいくつも生み出しました。しかし、
『Minecraft（マインクラフト）』の真似をしながら、二番煎じに甘んじない
ようなゲームを作るというのは、大変に難しいことです。『Minecraft（マイ
ンクラフト）』を相当に分析する必要があり、時間も費用も掛かるでしょう。
そんな難しいことを、最初にするのは間違っています。

　企画を吟味するにあたり、このことはゲーム制作業者におけるネックの1
つであるでしょう。面白いゲームを参考にしても、そのゲームの劣化コピー
が産まれやすいということを経験で知っているのです。しかし、悩ましいこ
とに、世には数多くのゲームが存在し、ゲームに感化された人たちが安易に
企画書を作成することが多いのです。

　企画とは「1」です。1つの企画。1つの作品、1つの考え、1つの結論。
ですから、2つ、3つということはあり得ません。参考にしたネタが3つあっ
たとしても「1」にしなければならない。だから1つのゲームの真似は成功
しないのです。

*3）Mojang Studios が開発したサンドボックスビデオゲーム。様々なプラットフォームに移植され、累計
2億本以上が売れたと言われる。ブロックを設置し、建物などを作るクリエイティブな要素と、アクション、
サバイバルが合体しており、極めて幅広い楽しみ方が存在する。

　皆さんは、きっとたくさん勉強されていると思います。今、このような本を読んでいることからもわかります。だからこそ、しっかりとイメージを持って、考えてみてください。今まで見てきた物事、知識、経験を整理し、企画書の中で様々なスタイルに応用して、活用してください。一見、まったく繋がりのないもの同士でも、組み合わせれば面白くなる可能性があるのです。

　世に出ている面白いアイデアの多くは、まったく違う物事の組み合わせから生まれています。例えば、建設現場の重機とアイスクリームとか、風船と鬼ごっことか、海開きと正月の餅まきとか、そういうものです。

　千の知識の中から「1」の、とっておきのアイデアを作り出す秘訣は、**たくさんの情報を1つにまとめる大胆さ**です。数多くの取捨選択を繰り返す必要があるわけです。

　覚えておいてください。アイデアというのは、見つけるだけなら案外容易いのです。見渡せばどこにでもあります。**気付いていないだけです。**難しいのは「1」の中に纏めるために、不要な要素は自らの責任で判断し、思い切って捨てることなのです。

　捨てるものが本来捨ててはいけないものだったことにあとで気付いても、もう戻れません。それでも企画者という人間は、責任を持って「捨てる」判断をするのです。

実際のゲーム制作者に聞く

　企画というのは、人により異なる作り方をするものであり、企画を評価する、提案するというのは、私だけの意見では物足りない部分もあります。

　そこで、ゲームソフトの請負制作会社を経営している私の友人・Y社長（以下Y社）と、Zプロデューサー（以下ZP）に、企画立案について質問してきました。Y社長はソフトウェア開発で15年、Zプロデューサーは20年以上、企画・開発とシナリオライターを担当してきたベテランです。

■質問事項

1. 社内より上がった企画書または社外より上がった企画書を見て、評価していく（重視していく）基準をお教えください。
   また、パート（特に注意するもの１つに○を付けてください。

   ＜評価順位＞

1. 表紙デザイン
2. タイトル
3. 企画書の体裁、言葉の使い方
4. 概要（コンセプトイメージ）
5. 分析、市場のデータ
6. この企画を作成した根拠
7. デザイン、キャラクター、入力システム
8. 予算と利益
9. 現実的な開発期間イメージと人的リソース
10. その他

2. 企画書のボリューム感
   ・初期企画案の方向性（経験則に基づき）。
   ・内容は簡潔なほうがよいか、リッチなほうがよいか。
   ・初期企画案は革新を目指すべきか、王道を目指すべきか。

3. 企画を作成するイメージの助けになるもの

4. ゲームの企画を企画書のサイズに落とし込むときに注意すべきこと（主観的意見で結構です）。

5．どの業界においても、企画のなかで難しい部分は採算性だと思います。特に新人や未経験者では難しいと思います。採算性について、企画段階から考えて行くことは必須でしょうか？
※無論、まったく採算を考慮しない企画などはないものとします。

6．企画を作るとして、自分でも一番悩む、苦手と思う部分を教えてください。

7．若い方にひと言アドバイスをお願いします。

Q1．企画書を見て、優先して評価する点は？

(門司)　Y社長、Zプロデューサーは、他人から提出された企画を選別するような経験は、数多くあったと思います。

(ZP)　ありましたね。

(門司)　Y社長とZプロデューサーにそれぞれお聞きします。企画選定で評価していくポイントを教えてください。

(ZP)　**私はタイトルです。**

(Y社)　僕は予算と利益ですね。この中だと。

(門司)　詳しく教えてもらえますか？

(ZP)　タイトルで企画内容がしっかり説明できていると、見る側はイメージしやすいです。私は表紙デザインなどのできやきれいさより、**タイトルの説得力**。それと、コンセプトイメージを重視します。

(Y社)　**僕は予算です。**具体的な部分はZPに任せてありますので、制作するゲームが利益を出せるかどうか、その一点だけを見ます。ようは、会社のお金を投資するわけですから、儲からない企画には出せません。

(門司)　でも、予算だけでは内容まではわからないわけじゃないですか。

211

（Ｙ社）　そうです。しかし、その企画に自信を持って見せてきているわけじゃ
　　　　　ないですか？　自信っていうのは、つまり売れる自信です。**「売る自**
　　　　　信がない」と感じるような企画書を、誰も認めるわけがないですよ。

（門司）　なるほど。企画者が見積もった販売本数目標が、当人の自信を示し
　　　　　ていると。合理的な考え方です。

（ＺＰ）　私は利益まで踏み込まなくてもいいと思いますが、何本売れるか？
　　　　　ということは気にしますね。

（門司）　それも利益的な面ですか？

（ＺＰ）　**作品スケールの面です。**作品のイメージを我々は持ってないわけで
　　　　　すから、説明する資料は多いに越したことはありませんね。企画者
　　　　　の想定する販売本数なら、スケール感が数字で、明瞭です。超大作
　　　　　が作りたいのか、ミニゲームが作りたいのか……。

（門司）　数字ってわかりやすいですよね。

（ＺＰ）　分析にしろ、販売本数にしろ、キャラクターの数にしろシナリオの
　　　　　数にしろ、どこまで行っても数字ですよ。

（Ｙ社）　そう。数字ってわかりやすい。誰にも一目瞭然だから説得力がある。
　　　　　具体的な数字が書いてある企画書もそう。**営業も広報も数字を大事**
　　　　　にする。

（門司）　ビジュアル面はどうでしょうか？

（ＺＰ）　文字などの体裁に、過度にこだわることはないと思いますよ。読み
　　　　　やすい文体で書かれていれば、例えば日本語の間違いなんて大して
　　　　　気にしません。**意味が伝わることが企画書の目的**なんですから、過
　　　　　剰に文字体裁を気にしたり、デザインに凝ったりするのは時間の無
　　　　　駄です。ただ、最近は少ないですが、外部からの持ち込み企画とか
　　　　　の場合は、**キャラクターデザインなどが揃っていることは重要**かも
　　　　　しれません。

（門司）　まだ企画が動いていない段階でもキャラクターデザインを？

（ＺＰ）　最近だと、企画のウリそのものがキャラクターデザイナーの名前だったりするじゃないですか。○○先生が描いた、みたいな。そうじゃなくても、「すでに原画家さん、デザイナーさんには声を掛けています。このキャラのラフデザインをお願いしました』というぐらい行動が早いなら、メーカーとしては無視できませんよね。

（Ｙ社）　そうそう。**コンセプトに必要な要素が何なのか、誰の協力が必要なのか**整理されているのは大事。もう打診済みぐらいがいい。だって、いざスタートさせても協力を得られませんでしたじゃ、意味ないですからね。

（門司）　橋渡し役もしなければならない。

（ＺＰ）　もちろん多忙な作家さんにコンタクトを取ることは難しいこともあるでしょうし、企画書を初めて作るという人はそんな段取りを組めないでしょう。でも、そういう人脈を作っておくことも企画書作成に大事ですよ。**コネもその人の実力のうちです。**

（Ｙ社）　**社会での人の強さは、コネクションの強さ**ですよ。会社を経営していると、他人とのコネクションがとても重要になってきます。企画者さんのほうでコネクションがすでにあるってなれば、「おおっ」ってなりますよ。

Q2. 望ましい企画書のボリューム感

（門司）　２人にお聞きします。企画書にはどの程度のボリューム感を求めるべきでしょうか？

（Ｙ社）　**私は 16 ページ〜 24 ページぐらいでちょうどいいと思います。**

（ＺＰ）　社長は多いですね。**私は 5 〜 10 ページぐらいあればいいと思います。5 以下では少なすぎるかな。**

（門司）　コンテンツの密度も関係ありますよね。

（ＺＰ）　もちろんです。**とにかく説明がダラダラと長く続くのは却下です**（笑）

いつ話が途切れるのだろうと読んでいて思うぐらい、ストーリーの解説が長い。長いわりに内容がない。要点に辿り着くまでが長いと、結局何が言いたいのかわからない。そういった企画書は、結局、読む人のことを考えていませんよね。箇条書きにしたり、章立てにして見やすいタイトルを付けたり、図や表を使ったり、見やすくするためにやれることはたくさんある。**それをしない企画書なんて、落選して当然です**。読む人のことを考えてないんですから。

（門司）　社長はページ数が多いですね。

（Ｙ社）　できれば、絵コンテみたいなものを付けて欲しいからです。

（門司）　それも１つのわかりやすさの追求、ですね。イメージイラストとか。

（ＺＰ）　**チラシとかでもいいですね。自分で作った販促チラシ案**。ようするに、伝わってこない企画って、本人に曖昧な部分があるからじゃないか、と思いますね。絵や図にしてしまったほうが、作りたいものを整理できるものじゃないですか。我々も判断しやすい。

（門司）　企画案は革新的であるべきか、王道的であるべきか、という点はどうでしょう？

（ＺＰ）　最初は王道から始めて、**徐々に革新的な内容**にしていくのが楽です。王道に自分のオリジナルな要素を足します。足すほうが簡単ですよ。引き算よりもずっと。

Q3. 企画を作成するイメージの助けになるもの

（門司）　企画を作成するイメージの作り方って、千差万別だと思います。Ｚプロデューサーはどうやって、アイデアを出しますか？

（ＺＰ）　**私はアニメとかゲーム関係のまとめサイト** [*4] をよく見ています。

---

*4）まとめサイトとは、特定のテーマに沿って情報を収集・編集したウェブサイトである。キュレーションサイトとも呼ぶ。ニュース、スポーツなど、特定のテーマの話題をネット上から収集し、読みやすくまとめたサイトのこと。多くはページの視聴数で広告収入を得るビジネスモデルであり、個人のみならず、企業も運営している。

（門司）　まとめサイトですか？

（ＺＰ）　タイトルで内容が推察できるじゃないですか。

（門司）　なるほど。情報を集める時間短縮ですね。

（ＺＰ）　それもありますが、やっぱりタイトルです。

（門司）　企画書はタイトルが重要と言っていましたね。

（ＺＰ）　まとめサイトやニュースサイトって、読者にクリックさせないとお金にならないでしょう？ だから記事のタイトルも、**読者に押させようとアレコレ知恵を絞って**いますよね。タイトルを面白くしようとして。

（門司）　電車の中吊り広告の「○○氏不倫の実態！」「衝撃スクープ！ 泥沼の嫁姑戦争の真相！」「本誌独占取材！」みたいなやつですね（笑）

（ＺＰ）　そうそう。そういう広告って、読んでもらうためにやっているわけでしょう？ 企画書も同じことじゃないですか。読んでもらわなきゃいけないのだから。キャッチーなコピーが必要ですよ。

（門司）　キャッチーなタイトルは、どうやって作るのがいいでしょうか？

（ＺＰ）　**語呂合わせとダジャレです（笑）**

（門司）　ダジャレ！（笑）

（ＺＰ）　くすっと笑っちゃうのが好きです。当て字とか。うまいなと思わせるタイトルはそういうのが多いですよ。

（門司）　ほかにありますか？ イメージの素。

（ＺＰ）　私は古い人間なんで、**昔の作品の要素を現代風にアレンジして取り入れる**のが好きです。

（門司）　リバイバル？

（ＺＰ）　完全に模倣するのではなくて、昔の作品にもいいところがだくさんあるから、それを自分なりに分析して、面白い部分が応用できないかを探ります。例えば、『メガゾーン23』(*5)がクラウドファウンディングでリメイクするって話があるじゃないですか。（2018 年現在）

（門司）　メガゾーン！ 私まだ小学生ですよ、その頃は。

（ＺＰ）　ですよね。若い人は知らない人も多いですけど、面白い作品ですよ。古い作品だけど、中身は全然古くない。「時祭イヴ」なんて、まんまバーチャルアイドルじゃないですか。相当先取りしている。**過去を振り返ってみると、面白いものが一杯転がっている。**面白そうなことは大抵、昔、誰かがやっちゃっていますよね。でも時代が変わった今こそ、その**面白さを再発掘する**のもいいじゃないですか。そこにアレンジを加えれば、立派な新企画ですよ。

Q4．企画を企画書に落とし込むときに気を付けること

（門司）　企画を考えて、それを企画書にする。そこで考えるポイントって何でしょうか？

（Ｙ社）　**お金ですよ。お金！ （笑）**

（ＺＰ）　伝えたいことをちゃんとまとめられていて、理解しやすくなっているかを考えています。お金は……社長が説明してください（笑）

（門司）　では、その流れで、Q5 の質問へ移ります。

Q5．企画書に採算性の記載は必要？

（門司）　絶対に必要です、と、初めから言っていますね。

（Ｙ社）　大事な部分じゃないですか。そこをみんな知りたいでしょう。

（ＺＰ）　企画を持ってくる人は、**言いたいことを好き放題に言えばいいというわけじゃない**ですからね。さっきの、企画書が冗長になる原因の1つは、この点だと思います。**費用感がないから余計なことも考えてしまう。**不要なことを実施するべきじゃないのに、単にやりたい

＊5）（株）あいどる / ビクター音楽産業（株）が 1985 年に制作したオリジナルアニメ（OVA 作品）。『超時空要塞マクロス』のスタッフが参加して作られた未来 SF 作品。『PART1』は公称 26000 本のセールスという、OVA 史に残る大ヒットを記録した。

　　　　　ことばかりを並べた企画書にしてしまう。社長が、費用感が大事と
　　　　　言うのは、企画書の完成度も関係するからです。

(Y社)　費用感を積算したらいいですよ。開発期間、費用と利益。開発期間
　　　　　6カ月。広告費300万円、人件費は、プログラマー、グラフィッカー、
　　　　　自分で1500万円、音楽の外注費に300万円、作家さんに500万と
　　　　　か……。

(門司)　でも、それは難しいのでは？

(Y社)　そんなことはない。しっかりと企画のことを考えているなら、『そ
　　　　　の製品を現実に作りたいと思うなら』その作り方だって計画できる
　　　　　はずだ。概算だって構わない。実現までのプロセスをイメージでき
　　　　　ているか、そこが重要ですよ。結局、**金勘定が難しいと思うのは、
　　　　　自分がその仕事を請け負うというイメージが乏しい**からじゃないで
　　　　　すか。「何カ月とこの資金でこのゲームを作ってみせる」っていう
　　　　　気概ですよ。ゲームメーカーが考えていることって、単純極まりな
　　　　　いですよ。それにいくら掛かるのか、資料を出してくれ、というこ
　　　　　とです。言っている意味わかります？

(門司)　ええ、つまり**「見積書」**ですよね。

(Y社)　そうそう！見積書！例えば、企画提案者のAさんが来ました。企
　　　　　画書見せてくれました。僕は聞きます。**「で、Aさん、この企画を
　　　　　いくらで作ってくれるんですか？」**。僕はAさんが作りたいものが
　　　　　売れそうであれば、お金を出します。物も人も貸すかもしれない。
　　　　　まさに見積書ですよね。我々が発注側。企画書提出者は製作受注側。
　　　　　企画書を出すということは、これこれこういうものを作りたいけど
　　　　　お金がないから、助けて下さいという「お願い」をしに行くことです。
　　　　　僕の役職は社長で、お金の管理をするのが仕事だから、企画書のお
　　　　　金の部分は重要不可欠です。社員や外注さんへの給料を払わなく
　　　　　ちゃいけないんで。

（門司）　そのＡさんが制作しないケースは考えられないですか？

（Ｙ社）　企画を買い上げるんですか？ 今の時代、それはほぼないでしょう。企画を持ってきた人が作ってくれなきゃ困りますよ。門司さんだって、ゲームソフト開発やっていたとき、そうやっていたじゃないですか。自分の企画したゲームを自分で作っていたでしょう？

（門司）　なるほど。言われてみれば確かに、企画は作成者が指揮を執るのが普通ですね。言われて気づきました（笑）

（Ｙ社）　企画者が内容を一番知っています。企画者が製作の指揮を執れば、イメージの齟齬もない。**でもそのためには、企画のスケール感や金額感**がわからないと、我々会社側はその話に乗っていいのかどうかわからない。「この作品は売れます！」と言ってくれるなら、例えばＺプロデューサーがそう言うなら僕は全面的に信じます。信用がありますからね。必ず計画通りに作ってくれると信用している。

（門司）　企画を企画書として実現させるのに必要な要素は、その**信用の部分を勝ち取る**ことなわけですね。

（Ｙ社）　無論、経験が浅いとか、難しい部分があるとか、そういうことは分業できますよ。サブプロデューサーを付けてもいい。でも、企画を作る人にはまず、**自分自身でこの作品を完成させるぞという気概と責任**を持って欲しいです。分業は個々人のスキルを見てから、決めればいいんじゃないですか。技術があれば有利というのは、そこですよね。

（門司）　わかります。「ここは自分で作る」っていうことができれば、人件費が安い。

（Ｙ社）　そうです！ 会社側が求める部分も当然そういうことですよね。**技術がある人の企画のほうが、単純にコスト**が掛からない。採用されやすい。当然です。

Q6. 企画を作る際に一番悩む部分は？

（ＺＰ） 一番悩む部分ですか。**ネタです。**

（門司） ウケるかどうか、ですか？

（ＺＰ） そういう言い方もありますが、ユーザーに解ってもらえるかどうか を考えます。**企画書で大事なことは、『(企画書) を通す』ことじゃ なくて『(面白さを) ユーザーに理解して貰う』ってことじゃない ですか。**自分のやっていることをときどき振り返って、理解されな いようなことをしていないかな、と考えることが重要だと思ってい ます。

（門司） 私も昔、よくそれで悩みました。社長はどうでしょうか？

（Ｙ社） 自分たち側の考えも混ざってしまって申し訳ないんですけど、やっ ぱり最後まで作れるのかどうかですよね。**一番恐ろしいのって、完 成できないことじゃないですか。**粘り強く最後まで作りきれる、そ ういう企画書かどうかを考えます。

（ＺＰ） ネタ集めに苦労するっていうのは常にあります。苦手というか、大 変だと思うことです。

（門司） 少し話が逸れますが、私の知り合いの 3DCG デザイナー[*6]に「**企 画書を作るときに、どうやったら受けると思う？**」と聞いてみたら、 「**とにかくたくさん企画を作るしかない**」って言われました（笑）

（ＺＰ） たくさん作るのも重要な技術ですよね。ネタを集める能力が高くな いと作れませんけど、それだけ当たる確率が高くもなる。それはも ちろん、つまらないものをたくさん作るのではなく。

（Ｙ社） ある大きな会社は、決まった時間にたくさんの人を集めて、「**はい ネタを出してください**」というコンペをするらしいです。そこで人 を引き込めるアイデアを出せるかどうか。そういう引き出しがない

*6) 筆者の古い友人で、ゲーム制作をともにしたこともある。プログラミングとグラフィックに明るく、現 在は札幌の某制作会社で、某『バーチャルな YouTuber』などに関わったり関わらなかったり……。

人は、採用されていきませんよね。ただ、本当にいいと思う企画１つを煮詰めることも、また大事だと思いますよ。それは、どちらがいいか、結論を出すのが難しいと思いますね。

Q7. 若い人へのアドバイス

（門司）　我々は比較的年配ですけど（笑）、これからの世代の人が、ゲーム業界を盛り上げていって欲しいと思います。いつまで経っても、面白いゲームで遊びたいですからね。読者の方へ、アドバイスをお願いします。

（ＺＰ）　あれを見て影響されたとか、そういうことでもいいので、**やろうという気持ちを続けていく**のが重要だと思います。企画を作ること自体は大変ですが、楽しいことですから、最後まで楽しんでいければいいものが作れると思います。

（Ｙ社）　若い人に言いたいことは、「だめかな」と思うことで立ち止まったり、企画を消したりしないで練ってみて、ということです。あと、**企画を否定されても凹まない心**が大事。それと、真似をすることは悪いことじゃないから、**まずは模倣する**ことをすればいいと思います。

（ＺＰ）　それと、この企画書を受け取ったときに、受け取った側が「どんなことを知りたいか？」という部分をよく考えるべきですよね。

（門司）　提出するほうがですよね。

（ＺＰ）　そうです。受け取るほうがどんな情報を知りたいかを考えてみてください。客観的に。

（門司）　今挙がっている、タイトル、コンセプト、費用感などですね。

（Ｙ社）　そうですね。**受け取るほうが知りたい情報を、あらかじめ企画書に盛り込むってことを意識して考えて欲しいです。**プレゼンですから。

（門司）　そのために、裏付けになる技術を磨くのも重要ですよね？

（ＺＰ）　もちろん重要なことです。企画書って、やはり業界の中で知らなけ

れば書けないことが多いんですよ。だから、グラフィッカーでもプログラマーでも、ソシャゲー(*7)のテスターでも何でもいいから、**とにかく自らのスキルで、業界に入って知る**ことが大切だと思います。一見遠回りのように見えますが、自分の作りたいゲームを作るには、自分がゲーム作りの専門家になるのが一番の近道なんです。

最後に

　現役のゲームクリエイターと対談してみて、私も大変勉強になる部分がありました。それは**「この企画が実際に完成するまで、自分が必ず作る」**という意識を持つことが大事であるということです。

　近年、一貫制作のゲームメーカーは影を潜め、開発、製作、営業などが分業化しています。開発部所を外注に置き、効率化を図っています。特にソーシャルゲーム界隈では、開発業務のアウトソーシングは当然となっています。それ故に、企画や製作側のイメージが開発へと正しく伝わらなくなる事例も多く、ちぐはぐな印象を受けるゲームも残念ながらあとを絶ちません。

　企画書は、誰も見たことのない海へ漕ぎ出す「船の設計図」のようなものです。どんな船を作るのかは、企画者が決める必要があります。

　船は大きすぎても、小さすぎても、重すぎても、軽すぎてもいけません。

　無駄な要素が多くあったり、逆に絶対に必要な要素……例えば、食料が足りなかったりすれば、確実に遭難です。建造中にお金が足りなくなったりすれば、航海以前の問題です。

　あなたの作った企画という船は、まず『ゲーム業界』という困難な海に耐えられなければいけません。その船に、まずは企画者のあなたが船頭として

*7) ソーシャルゲームのこと。かつてはコミニュケーション機能を搭載したウェブアプリ上で動作するゲームを指していたが、現在では多くが独立したアプリになっており、概ねスマートフォン上において、基本無料で遊べるタイプの販売形態で提供されるゲームを指すことが多い。代表作は『パズル＆ドラゴンズ』(ガンホー・オンライン・エンターテイメント)など。

乗るべきです。

　結果的にあなたが船頭にならなくても、船を知っているあなたはきっと良い働きができるはずです。次は船頭になれるかもしれません。そうした思いがあれば、現在のような開発形態の時代であっても、しっかりと他者へと企画を伝えていくことができるでしょう。

　そして、どのようなかたちであれ、最後まで『ゲーム制作』という難しい航海が続けられたとしたら、その経験はあなたにとって非常に有意義なものとなり、次の航海へと繰り出す自信に繋がるはずです。

　最後に、私がいつも企画を作るときに考えている一文で終わりたいと思います。

『自分が理解していないものを、他人へ伝えることなどできない』

ACT.

8

ゲームクリエイターズ・インタビューQ&A

時田貴司　　牧山昌弘
杉中克考　　荒川 工
都乃河勇人　新井清志
和泉万夜　　渡辺僚一
井上信行　　片岡とも
HIRO　　　齋藤幹雄

Game Creator's Interview ❶

時田貴司

僕のこだわる「体感する物語」をまさに体感させてくれた作品です。

◎PROFILE

◎トキタタカシ。株式会社スクウェア・エニックス プロデューサー。ドット絵からゲーム制作に携わり、企画、シナリオ、ディレクターを経てプロデューサーに。演劇作品の執筆、出演も。代表作は『FINAL FANTASY IV』『半熟英雄』シリーズ、『LIVE A LIVE』『クロノ・トリガー』、『パラサイト・イヴ』『ナナシノゲエム』など多数。

❶ 企画を考えるときは、どういう手順で行いますか？発想法などはありますか？

タイトルやジャンル、マーケットによって毎回違いますが、

・「ほかにないモノ」というスキマを突いた発想。
・作り方の方法や工程から考える「構造的」発想。
・ほかの分野から置き換えて考える「これをゲームにしたら？」。
・ハードやサービスなど「遊ぶスタイル」から考える。

大きくこれらの４つの考え方を、状況に応じて順序だてたり、組み合わせたりして考えます。

最近では１人で考えることは少ないので、スタッフの意見に刺激されたり、整理して考えると自然と新しい企画につながることが多いですね。

❷ ゲームクリエイターになったのはどうしてですか？過程も教えてください。

偶然の産物か、時代の運命か!?

実は、最初からゲームクリエイターを志してはいませんでした。

僕が幼少の頃、漫画雑誌が次々と創刊していった時代です。

そして『宇宙戦艦ヤマト』でアニメブームとなり声優という職業が世に広まりました。

　現在のみなさんと同じように僕も最初は絵が好きで漫画家に憧れ、声優になりたくて演劇を始めました。

　高校在学中から劇団研究生となり、卒業後上京し生活のためのアルバイトで面白い仕事を探したところ、ゲームのグラフィックデザイナー（当時はドッターオンリー）の募集を見つけ、ZAP という小さな会社でパソコン、ドット絵、ゲーム制作を実地で学んでいきました。

　そこで 2 年間働きましたが、アーケード、ファミコンの隆盛で移植などの仕事が加速度的に増え、ハードになっていきました。

　演劇も続けていたので、きちんとした会社で働きたいと『キングスナイト』の CF を見て、スクウェアでアルバイトを始めました。

　その後、ZAP で一緒に仕事をしていたプログラマの山名氏がチュンソフトに入り、『ドラゴンクエスト II』を持って僕の部屋に遊びにきました。

　「弾の出ないゲームはつまらない」という僕に「黙って 2 時間遊んでみろ！」と言い、山名氏が横で見守る中、渋々プレイしました。

　サマルトリアの王子をさんざん探し、へとへとになって宿屋へ行くと遂に発見。「やあ、探しましたよ。」という彼のセリフに「こっちのセリフだ！ボケ!!」と憤るも、戦闘に入るとホイミを持つ彼との共闘に感動。

　「ゲームで漫画やアニメのような劇的な体験ができるんだ!!」と RPG の面白さに覚醒。

　「RPG なら設定、シナリオ、主演、演出ぜんぶ自分でできる！」とゲーム制作にどっぷりとハマっていきました。

❸　シナリオを書かれるうえで気を付けていることはありますか？

いくつかありますが、

・プレイヤー＝主人公であること。

・カタルシスはバトルで得るもの。

・ディティールは説明し過ぎず、匂わせ、想像してもらう。

・期待に応えつつ、時に裏切る。

・長短のメリハリを付ける。

これらが僕のスタイルでしょうか。

最近では難しいですが、設定や終盤を決め過ぎないのも重要です。

終盤に至るまで生きたキャラクターたちが、自然と気持ち良い展開や結末、後日譚を紡いでくれます。

連載漫画やアニメシリーズの終盤同様、RPG のクライマックス〜大団円〜エピローグは、体力的にはボロボロですが、精神的にブーストがかかっている状態のほうが、熱く素晴らしい展開にできた経験が多いです。

 影響を受けた作品（ゲーム、映画、小説、音楽、舞台、TV、ラジオなど）や、好きで模写した作品はありますか？

原作マンガの『デビルマン』ですね。

厳密にはテレビアニメ、連載漫画、そしてコミックス完結という現在の『鬼滅の刃』同様、メディアミックスで 3 段階の衝撃を受けた作品です。全 5 巻、少ない登場人物ながら強烈な展開、圧倒的スケールで感情移入のカタルシスを受けた言わずと知れた名作です。僕のこだわる「体感する物語」をまさに体感させてくれた作品です。

その後も『さらば宇宙戦艦ヤマト』『伝説巨神イデオン』と群像劇から社会の理不尽、そして全滅を体感するカタルシスとともに十代を過ごしてきました。昨今は大胆な物語が描きづらい時代背景ですが、『ゲームオブスローンズ』『NieR Automata』『鬼滅の刃』『全裸監督』など圧倒的な体感する物語こそ、今の時代に求められていると強く感じますね。

❺ 自分が作ってきたゲームで、キャラクター作り、ストーリー作りに関して、気を付けたことを教えてください。

③と④でだいぶ語ってしまいましたね。

追記するとキャラクター作りに関しては、個々のキャラより関係性を重視することでしょうか。設定よりも会話を書きながらキャラクターたちの関係を模索し、個性を色濃くしていくのは、演劇の稽古やエチュードなどの経験が大きいと思います。

演劇経験は作家、キャラクター、演出、そして観客と４つの角度から立体的に感じる感覚を身に着けられるのでオススメですね。

『ファイナルファンタジーⅣ』では１人で脚色、キャラクターの配置、スクリプト、演出を担当しました。全キャラ自分で模索して、演じて、プレイヤーを意識して演出するという仕事ができて、RPG こそ最強のエンターテイメントと確信を持ちましたね。

❻ 今だから言える、何か参考に観たほうがより楽しめる作品はありますか？

「今だから言える、参考に観たほうがより楽しめる作品」は難しいですね。

僕が観て感じてきた作品群すべてが僕の血肉になっていると思います。

いくつか挙げるとしたらマンガだと『デビルマン』『愛がゆく』、映画では『マジンガー Z 対暗黒大将軍』『ゾンビ』（DAWN OF THE DEAD）、『カリオストロの城』『伝説巨神イデオン』（発動編）、『天空の城ラピュタ』ですね。

こうしてみると節操のないラインナップですが（笑）

「カリオストロ」「ラピュタ」は物語構成のお手本のようなもので、ほんとに隙がないですね。

Game Creator's Interview ❷

杉中克考

一番影響を受けたのはスーパーファミコンの
『ライブ・ア・ライブ』（LIVE A LIVE）です。

◎PROFILE
◎スギナカ カツノリ。ゲームの企画・ライター・プランニングディレクター・サウンドディレクター。関わったゲームは『ポケットモンスター サン・ムーン』『ポケットモンスター ウルトラサン・ウルトラムーン』『ポケットモンスター Let's Go! ピカチュウ・Let's Go! イーブイ』『ポケットモンスター ソード・シールド』など多数。

**❶ 企画を考えるときは、どういう手順で行いますか？
発想法などはありますか？**

「逆算で発想をする。」という手法を取っています。

逆算とはゴールから考えるということで、ゲーム企画のゴールとは「お客さんが遊んでいる状態」です。

・お客さんはどこで誰とどんな風に遊んでいるのか？
・それはどんな刺激を与えるのか？
・遊んだお客さんがゲームをやることで日常にどんな変化があるのか？

この3つを思考したうえで、ゲームに落とし込んでいきます。

例えば、

「20代の後半男性が友達数人と宅飲みしながらワイワイ遊ぶゲームにしたい！そしてゲームを切っ掛けにもっと友達と仲良くなれるようにする！」

と仮定するとします。

まず呑んでいる前提なので、操作は軽めな簡単系。

宅飲みなら、部屋の広さを鑑みると4人程度でしょう。盛り上がりを保証するなら全員参加できると良いですね。

20代男性が友達と盛り上がれるジャンルになるため、エッチなものか、

お笑い系になるかなー……と絞っていきます。

エッチなものは照れちゃう男性も多いため、パイが大きいのはお笑い系になると仮定します（表現は不可抗力です）。

操作は軽めに、お笑い系、4人同時にプレイできるゲーム……。

まずハードはライト層が入り易く、コントローラーをシェアし易い点から「Nintendo Switch」に仮定します。

ルールは「ゲーム画面を見て、ツッコミどころを探して早く気付けた人が勝ち！」というのはどうだろう？

よくあるパチンコのネオンが消えてるのを、いち早く指摘するような……。カルタや百人一首みたいなゲーム性になるので、面白さは保証されている。かつ、お笑い系のネタに絞るため、勝った人も負けた人もバカ騒ぎできそう。

笑いが勝ち負けをマイルドに演出し、一緒に笑い合うことで共通の話題として記憶に残し易いため、もっと仲良くなることは達成できるでしょう。

といった感じで、外堀を埋めつつゲーム企画を構築していきます。

② ゲームクリエイターになったのはどうしてですか？過程も教えてください。

月並みですが、人生の1本に出会ってからです。一番影響を受けたのはスーパーファミコンの『ライブ・ア・ライブ』（LIVE A LIVE）です。

ゲームデザイナーのスクリプト芸が光るゲーム性で「**物量がとにかくあり、攻略法は自由！**」なので、遊ぶたびに違う景色になり、友達と話すごとに新しい攻略法が生まれ、何度も何度もプレイしました。

当時はインターネットが普及していなかったのも良かったです。答え合わせをするには自分がプレイするしかなかったので。

『ライブ・ア・ライブ』に刺激を受けたあと『RPG ツクール』に出会い、自作のゲームを作ることに躍起になっていました。が、何一つ最後まで作れず途方に暮れていました。

物量に対してモチベーションを保つことができなかったので、次第にチーム戦に移行して、仲間と作るようになります。が、それもメンバーモチベーションの保ち方がさっぱりわからず、作っては壊れ、作っては壊れていました。

壊れる原因はコンセプトが浮ついていて、トライアンドエラーが発生すること。これに気付いてからは、軌道に乗りました。

短期で骨子を組み上げて、調整を後回しにしてできたのが『家庭用電池駆動海』というフリーのシューティングゲームです。

ゲームを作ろうと思ったのが高校 3 年からで、このゲームができたのは大学院 1 年目だったので、苦節 5 年です。

自分の仕様が甘かったせいで褒められたデキではなかったですが、初めてリリースし、遊んでもらってコメントをもらうというのはとても刺激的で、これで仕事ができたら幸せだなと実感しました。

これがプロになろうと決めた経緯です。

❸ シナリオを書かれるうえで気を付けていることはありますか？

自分は本業がプランナーのため、シナリオをメインに扱うライターではないのですが、「どんな人にも伝わり、短い文章」にすることは心掛けています。

伝わらなければいくら言葉にしても意味はないですし、長い文章で飽きられてしまえば、これもまた意味がありません。

洗練された文章は、1 つの文章で何通りも想像を掻き立てさせることができます。

その文章を目指して、何度も何度も推敲する感じです。

　だいたい書いたその日は完璧だと思っており、翌日クールな頭で同じ文章を見ると、欠点が見えてくるものなので、〆切ギリギリではなく、多少余裕をもって書くことが大事ですね。

❹ 影響を受けた作品（ゲーム、映画、小説、音楽、舞台、TV、ラジオなど）や、好きで模写した作品はありますか？

　古くは『メタルマックス』シリーズには多大な影響を受けています。世界観・ゲームシステムもさることながら、テキストのセンスがずば抜けています。

　特に『メタルマックス２』の最初の町にいる NPC のセリフ「**えー、ガム、チューインガムはいらんかね！ かみかけだよ！ かめば、まだまだ、あまいよ！**」は、このひと言だけで『メタルマックス』の世界観が表現されています。

　あとはアダルトゲームになりますが、アリスソフトさんの『大悪司』や『戦国ランス』は、ゲームシステムがとにかく良くできており、マイルストーンの付け方が見事で、「もうちょっとで達成できる！」が連続で提示され、ヤメ時が解らず熱中してしまうデザインをしています。

　これらは自分がゲームを作るうえで、土台になっていると思います。

　昨今ですと『デス・ストランディング』には影響されました。

　おつかいゲームを洗練し、道中を面白くしたという皮肉の効いた意欲作だと感じました。また、自分以外、ほぼ地上にいる人がいないという設定の説明がキチンとされているため、違和感なく溶け込んでいます。

　結果、開発コストもグッと下げられているのもスゴイです。

　ゲーム以外ですと、刺激を受けに舞台を見に行きます。

　劇団☆新感線さんは、お客様に楽しんでもらおうという気概を全身に受けれるので好きです。どの舞台を観ても「笑って楽しかった！」という感想になれるのが良いです。「けむりの軍団」……最高でした。

❺ 自分が作ってきたゲームで、キャラクター作り、ストーリー作りに関して、気を付けたことを教えてください。

　自分は体験を大事にしていて、ゲームで体験したことは、現実での体験の「香辛料」になってくれればなと思っています。

　自分が携わってきた商品は現実にある場所を舞台にしていることが多かったため、ゲームでプチ観光しているような気持ちを味わえるように、文化表現の演出は細かく気を付けていました。

❻ 今だから言える、何か参考に観たほうがより楽しめる作品はありますか？

　モチーフは定めて作っているため、現地の観光ガイドブックなどを一緒に見て頂けると、より楽しめるものになっていると思います。

　さらに楽しむためには、現地に行って皆さんの眼で見て頂ければなと思います。「あ、これゲームで見たところだ！」という体験が付加価値として現実体験を彩ってくれれば、冥利に尽きるなと思います。

　ゲームで現実（人生）が豊かになってくれることが僕の目標です。

井上信行

ゲームを遊んで、解析して、裏技やデータなどを調べているうちに……

◎ P R O F I L E
◎イノウエノブユキ。ゲームデザイナー。関わったゲームは『ファイナルファンタジータクティクス』『聖剣伝説 LEGEND OF MANA』『マジカルバケーション』『マジカルバケーション 5 つの星がならぶとき』『MOTHER3』『WORK × WORK』など多数。共著に『ゲームプランとデザインの教科書 ぼくらのゲームの作り方』。

❶ 企画を考えるときは、どういう手順で行いますか？発想法などはありますか？

ほかのゲームや今まで作ってきたゲームで満たされなかった思いを解決してくれるワンアイデアから広げていく、というパターンが多いですね。

そして、どうやったらゲームになるか、果たしてそれは見向きしてもらえるものなのか、売る側は何をとっかかりにして売るのか、などをあれこれ考えて調整して行って仕上げます。

そこにユーザーを誘導するためのきっかけとして物語を作るので、物語や世界観はシステムとうまく融合するように調整します。

ゲームの根幹となる部分は、カードゲームからアレンジすることが多く、例えば『マジカルバケーション』の「場に出た精霊を総取りにしたほうがそのバトルで勝利する」というルールも、何かのカードゲームからの着想だったと記憶しています。

ただ、カードゲームを基本にする場合、相手が人間ではなくてもちゃんと楽しめるかどうか、という部分は詰めて考える必要があると思います。

❷ ゲームクリエイターになったのはどうしてですか？過程も教えてください。

『ファイナルファンタジー II』や『ドラゴンクエスト III』『女神転生』の時代、ゲームを遊んで、解析して、裏技やデータなどを調べているうちに、いつの間にかオリジナルなものが作りたくなっていました。

233

　高校の頃に FM-7 というパソコンでゲームを作ろうとしたことがあって、手元にあった『はるみのゲーム・ライブラリー』（高橋はるみ：著）という書籍を参考にしつつ、自分なりにデータ構造やフローなどを考えて、それを同人誌に書いて人に見せたりしていました。

　『女神転生』のパスワードを 16 進数に直して、某ソフトハウスに務めていた友人に自慢気に見せたら「そんなもん開発ツールで見れば一瞬でわかる」などと言われて、悔しい思いをしたものです。

　ちょうどその頃、TBS というテレビ局で『土曜深夜族』という番組が始まり、その中に次世代のヒット作を生み出す『オフィス・ヒット』というコーナーがありました。そのパネラーに『ドラゴンクエスト』の生みの親である堀井雄二先生が入っていることを知りました。そこに同人誌を 1 冊送りつけて、これがきっかけで番組に呼ばれることになり、そこから少しずつ人脈が生まれていきました。

　このほかにもアニメや漫画で知り合った人脈を利用して、いろんな人に同人誌を押し付けてアピールしました。いろんなことをやって、たくさんの人たちと知り合っておくのも大切なことだと思います。

❸ シナリオを書かれるうえで気を付けていることはありますか？

　僕の作品には「棘」のあるもの（そうは見られないことも多いのですが）が多いので、実は**誰かを傷つける内容になっていないか**、ということに最大限気を配っています。

　容姿や嗜好をネタにして落とさず、内容で落とすように心がけていますし、海外に出す場合のことを考えて、激しいツッコミだとかキレ芸的なものも抑えるようにしています。

　海外での受け取られ方は、映画などのほかに動画サイトにあるスタンダッププコメディなども参考にして、受け入れられる範囲を見極めています。

　海外版に限ったことではないのですが、意識するのは主に**過剰な表現とタブー、ポリティカル・コレクトネス関連**です。

　判断の基準はレーティングにもよりますし、物語の文脈によっても変わってきますが、ここを見誤らないのがシナリオライターの重要な技術の１つであると思います。

　海外版を意識するとはいえ、国内版で特徴がなくなるのもつまらないので、言葉の差し替えでなんとかなりそうな部分では、ローカライズのことは気にしません。「バナナはおやつ入りますか？」などは日本でしか通用しないネタですが、必要に応じてローカライズで変えてくれると信じています。

　ただし、例えばキャラクターが「かくれんぼ」などをするような場合には、海外だと「もういいかい」「まあだだよ」のやり取りがないなど、セリフだけでは対応できないものがありますので、そう言った点は調べたうえで書いています。

　作品中で使う題材に関しては、細かいことでも調べて、取材できるものは取材して使うように心がけています。どんなものにでもそれを生み出した文化があるので、そこに対する敬意は絶対に払うべきです。

　これだけは僕のポリシーというより、クリエイターに課せられる義務だと思います。

❹　影響を受けた作品（ゲーム、映画、小説、音楽、舞台、TV、ラジオなど）や、好きで模写した作品はありますか？

　20歳の頃に見た「夢の遊眠社」が好きで、今もほぼ毎年（チケットが外れないかぎり）野田MAP（夢の遊眠社を主催していた野田秀樹さんの現在の劇団）は観に行ってます。舞台ではほかにヨーロッパ企画やキリンバズウカやDULL-COLORED POP といった劇団がお気に入りで、特にヨーロッパ企画の芸風は色濃く影響を受けていると思います。

　素で書いていると、もの凄くヨーロッパ企画っぽい感じの話になってしま

うので、影響というよりは本質的に似てるのかもしれません。

　それから忘れてはならないのが、特撮ヒーローものの脚本を多数手がけられた故・上原正三さんです。子供の頃はヒーローの活躍にしか目に入っていなかったんですが、「怪人が何を象徴して、その怪人を通して何を描き、何を解決しているのか」という軸で観るようになって、作品のイメージがガラリと変わりました。特に『宇宙刑事シャイダー』は、全話上原氏の執筆なので、氏の技を盗むにはもってこいの作品です。

⑤ 自分が作ってきたゲームで、キャラクター作り、ストーリー作りに関して、気を付けたことを教えてください。

　ゲームの登場人物は多過ぎると混乱するので、重要でないキャラはあえて同じ制服を着せるなどして「モブ」として書いています。こいつが出てきたらこんなことが起きる、というのをユーザーに予測させて、そこを拾ったり、裏切ったりするのが好きです。

⑥ 今だから言える、何か参考に観たほうがより楽しめる作品はありますか？

　『レジェンド・オブ・マナ』のアナグマやペンギン、『マジカルバケーション』ではツボやラッコ、『WORK × WORK』ではラッコなどがそうですが、これは僕が漫画を描いていた頃からの特徴で、『ホップステップ賞 selection 2』という単行本に、猫山田ひろし名義で投稿作が載っていますので入手可能な方はぜひ御覧ください。

　芸風が今もほぼ変わっていないのがわかると思います。

Game Creator's Interview ❹

都乃河勇人

今でも尊敬してるクリエイターの方からある言葉をいただいたことがきっかけです。

◎**PROFILE**
◎トノカワユウト。ゲームの企画・シナリオライター。関わったゲームは『リトルバスターズ！』『リトルバスターズ！エクスタシー』『Rewrite』『Rewrite Harvest festa!』など。著書に『Farewell,ours 〜夏の僕らは瞬きもできない場所へ〜』、共著に『ゲームシナリオの教科書 ぼくらのゲームの作り方』がある。

❶ 企画を考えるときは、どういう手順で行いますか？発想法などはありますか？

　私の場合ですと、シナリオライターという立場上、まず「『いける！』と確信できる場面を思い付くかどうか」という点が企画の初手になります。

　そこを核としておけば、世界観のアウトラインはまずできあがってきます（といっても、私の過去の仕事では「学園もの」みたいな縛りが大体存在していたので、そこに照準を合わせざるを得なかったのですが……）。

　そこからプロットを作り、最後にキャラクターを設定する、というかたちです。

　それぞれの段階においての発想法というか、思い浮かんだことが『いける！』となるために必要なことなのですが、**世の動向のリサーチをすることが必須**です。有名作品とクライマックスのシーンが被ってしまうと評価は当然下がってしまいますし、それを踏まえて「自分だったらこうする」と半歩ずらしたものが前述の核となることもあります。

　作品に触れるときは「楽しさ」や「感動」を漠然と受け入れるのではなく、常に触れるところからまた別の何かを生み出せないか、と模索することが作品が生まれる原点になるのではないかと思います。

❷ ゲームクリエイターになったのはどうしてですか？過程も教えてください。

　今でも尊敬しているクリエイターの方から「**文章書くの好きみたいだからライターを目指そう**」という言葉をいただいたことがきっかけです（とは言っ

ても冗談のような会話の中でのものだったのですが)。

そのことは真面目に意識するきっかけにはなりましたが、本格的にライターを志望するようになったのはそれから先で、実際に作品を書き上げて他人に読んでもらう、という経験をしたことになります。

最初は身内で読んでもらう程度でしたが、小説の投稿サイトなどにも投稿し、そこそこいい評判をもらったあたりで「自分イケるのでは?」と自惚れ始め、その後、ライター募集中の会社に応募(200KB 程度の小説と応募要項にあった既定の課題を提出しました)し、拾い上げていただいた、という流れになります。

何がきっかけで道が開かれるのかはわからないもので、**大事なのは「とにかく行動!」**ということなのかと思います。

❸ シナリオを書かれるうえで気を付けていることはありますか?

「読者が自分の想定した範疇で見てくれるのか」というのはできるかぎり気を遣っているつもりです。例えば、あるシーンで伏線として入れたつもりのシーンでも、それが伝わらなければ何の意味もありません。書いている自分というのはすべて理解していて当然なので、伝わらない、ということに気付けない場合があるのです。わかりやすく隠す、という匙加減がそうした場合には重要になってきます。

逆に、書いた当時は面白いと思っていたギャグが、改めて読み返してみると微妙に感じることもあります。自分の場合、書いたものを何度も読み返すことが多いので、同じものを繰り返し見ているとつまらなく感じてしまう、という状態に陥ってしまうのです。世に出てみるときちんとそれが受け入れられる、ということも十分あることなので、判断が非常に難しいのですが……。一番いいのは読者に近い視点を持っている人に見てもらい、意見をもらうことなのですが、書いた人間と直接接している人からフラットな意見

をもらえるかどうか、という問題もあります。どうやっても書いた自分は1から読む読者にはなれないので、最終的に自分を信じるしかないのかもしれません。

④ 影響を受けた作品（ゲーム、映画、小説、音楽、舞台、TV、ラジオなど）や、好きで模写した作品はありますか？

私の入った会社の作品を真似しまくっていました。それがいい方向に会社のカラーと合っていると評価して頂いたこともありますが、逆に二番煎じと感じられてしまって、いい評価を頂けなかったこともあります。

ほかにも少年漫画から近代文学作品、歴史書に至るまで、自分が触れたものでいいと思ったものは貪欲に取り入れていくことにしています。

誰も指摘してくれた人はいませんが、折口信夫先生の『死者の書』にモロに影響を受けている箇所などもありました。某ラスボス的なのに、剣に乗って突っ込んでいくシーンは、日曜日の少年漫画雑誌の剣勇伝説的な作品の最終巻とかだったりします。

自分の場合はそれで良いのか悪いのかわかりませんが、作品体験はいろいろと物を生み出す言動力になりますので、貪欲に取り入れていくと幅が広がると思います。

ただ、個人的にもっとも参考にすべきは**「想定した読者が見ているであろう作品」**ではないかと考えています。当然そのままでは驚きという意味での作品体験は薄れてしまうので、そこから半歩先に進んだものに仕上げるのが理想です。

⑤ 自分が作ってきたゲームで、キャラクター作り、ストーリー作りに関して、気を付けたことを教えてください。

正直に言ってしまうと自分の場合は、参考にした作品を見てもあまり楽しめるような作りにはしていないのですが、フリッパーズギターや小沢健二さ

んの楽曲に影響を受けまくっていた時代があり、思いっきり影響下にある一文があったりします。

　作業中は必ずと言っていいほど音楽を聴きながらで、自分で内容に合ったものをチョイスしてかけているせいかもしれません（ベストチョイスな音楽をかけながらだと、筆が大変よく進むのです）。最近はあんまりそういうことにはならないようにしています。

⑥ 今だから言える、何か参考に観たほうがより楽しめる作品はありますか？

　作品ではないですが、猫を飼うと感情移入しやすくなるシナリオが１本あります。実家で飼っている猫を愛でているときに感じたことが、シナリオの根幹に大きく影響していたもので、ペットを飼っている方から大きな反響を頂けました。

　日常生活で感情を動かされたことを題材にするというのは共感を得られやすいのかな、と思います。何をするにも作品につなげて生きることがクリエイターという職業なのかもしれません。

Game Creator's Interview ❺

牧山昌弘

デジタルではなく、アナログゲームの雑誌ライターになったのが最初ですね。

◎**PROFILE**
◎マキヤマ マサヒロ（イシユミタツヤ）。ゲームの企画・シナリオライター。石弓達也はアダルトもののペンネーム。関わったゲームは、『グランディア』『Natural ～身も心も～』『オンリーワン』『とらぶるトラップ Laboratory』『エンゲージ・プリンセス』『ウィング・オブ・ドラゴン』『おまかせ！とらぶる天使』など。

❶ 企画を考えるときは、どういう手順で行いますか？ 発想法などはありますか？

発想法、書いていいんですか？

そうすると、原稿の分量が2～3倍に増えますが（笑）

基本的には、ほかのメディアから刺激をもらいます。映画、マンガ、アニメ、小説、テレビ、ゲーム、街で見かけたり耳に飛び込んでくる出来事。フッと1つのことが心に引っかかって、それを発展させたくて仕方なくなったり、どうしても書きたくなったりします……調子の良いときは。

悪いときに、それでも無理やり企画を考えなくちゃならないときには、そのジャンルの過去作品やら何やらの資料を読み漁ったり、箇条書きにしたもの2～4つを組み合わせて三題噺風に作ります。

大切なのは、**二番煎じ、ありがちネタを恐れないこと**。ありがちネタ自体は悪いモノではありません。注意しなければいけないのは、ありがちネタに寄りかかったり、充分な考察をしないままそれを安易に使うことです。

考察考証をきちんとしたあとなら、それがありがちであっても、しっかりとした「王道パターン」になります。単にありがちを避けただけのネタは、自己満足になりがちです。

発想方法を書き出すと、それこそこれくらいの分量では足りなくなるので、またの機会に。……機会ください（笑）

**❷ ゲームクリエイターになったのはどうしてですか？
過程も教えてください。**

私の場合、まずゲーム雑誌のライターになったのが最初ですね。ゲームといっても、デジタルではなく、アナログゲーム、テーブルトークRPGの雑誌ライターです。

そこでの知り合い編集者さんがエロゲー雑誌に移ったときに声を掛けられたのが、デジタルゲームとの最初の接点。ちなみに、なんで私に声が掛かったかというと、その編集者さんの知り合いライターで数少ない「既婚者」という括りに、私が入ったからで。いやあ、何が幸いするかわかりませんね。

エロゲー雑誌でしばらく連載企画を持っていたのですが、その企画をゲーム化するときに、エロゲー系のゲーム会社とつながりができ、そこで雑誌とは別にシナリオを書かないかというお話がきて……というところです。

つまり、最初のアナログゲームライターになったところ以外は、「流れに乗ったから」ということですね。

もともとはマンガ家になりたかったんですが、途中で私が書きたいのは絵ではなくお話なんだと気付いたので、この結果は流れに乗った結果とはいえ満足です。

❸ シナリオを書かれるうえで気を付けていることはありますか？

いくつかありますけども。方針的なところからテクニック的なレベルまで、いろいろ。

テクニックレベルでは、例えば「1画面に表示されるセリフの量」。クリックやタップで次のメッセージに写るタイミングが、リズミカルになるように意識しています。さらに余力があるときには、声に出したときにリズムがあるように書きます。

そうそう、そのメッセージに音声が付くかどうかも大事な点で。**音声が付**

くときには、同音異義語をなるべく避けます。音の印象が似ている言葉も避けます。

　逆に、**文字だけの場合には、ひと目で意味が取れる（そのキャラが言いそうな範囲で）よう、単語をまとめて表現します。**字面が十分変わっているなら、同音語も普通に使います。

　音声が付く場合には、キャラのセリフは生のセリフに近くなるよう、不自然さを最大限に排除する方向で書きます。キャラの感情は声優さんが伝えてくれますから（もちろん声優さんには、ト書きで感情を直接的な表現で伝えます。「（照れながら）「ばか」とかね）。

　文字だけの場合、発言者の感情を伝えねばなりませんから、ほかの感情に読めてしまうような言葉遣いはなるべく避けます（先の例なら、「バ、…バカ……」とすれば、かなり照れてる感じに伝わると思います）。

　あと、発言者が誰なのか、セリフだけでどのキャラが発言したのかがわかるように書くことを心がけています。安易な方法としては、特徴的な語尾を付けることですが、これはあとで述べるリアリティをぶち壊しかねないので、それは避けたうえで、しゃべり方にささやかな特徴を付けます。

　やや男性っぽいしゃべり方、漢字交じりの単語を多くする、倒置法を多用する、短いセンテンスで話す、などなど……。これと、そのキャラならではの思考法が絡むと結構、文字だけのセリフでも誰が発言したのかがわかりやすくなります。

　これもいくら書いてもキリがないですね。またの機会に。

 影響を受けた作品（ゲーム、映画、小説、音楽、舞台、TV、ラジオなど）や、好きで模写した作品はありますか？

　影響は……たぶんいろいろ受けているんだろうなあ、とは思うんですが、じゃあどれと言われると……。ましてやそれを見なさいと後進に勧められる

ようなシロモノではありませんし。わからないです。友人たちにもかなり影響を受けているでしょうし。

　模写に関していえば、正確には模写ではないのだろうけど、好きな短編マンガを勝手にノベライズしたことがあります。あれ、役に立ってるかなあ。ただ、テクニックを磨くには役立ちそうです。

　聞いた話だと、「影響を受けたくないから、他人の作品は観ない」という物書き志望者もいるそうですが、そんな人が２作以上の作品を書けるんでしょうかね？

　影響を受けたくないなら、どれから影響を受けたか自分でもわからないくらい、いろいろな作品を大量に溺れるくらいに見たり読んだりしておくべきです。「影響を受けたくないから、他人の作品は観ない」というのは、その人がクリエイターとして、いかにちっちゃいのかを露呈している言葉にしか聞こえません。

❺ 自分が作ってきたゲームで、キャラクター作り、ストーリー作りに関して、気を付けたことを教えてください。

　先ほどテクニックレベルのことは述べたので、今度は方針レベルのことで１つ。

　方針レベルでは、**リアリティレベルの統一**ですね。

　ほかのキャラクターが生の女子校生のしゃべり方をしているのに、１人のキャラだけが萌え語尾を付けてしゃべってる、なんてのは最低ですね。世界ぶち壊しです。やられたことありますけど。そんなものをキャラクター付けだと思っているような人とは、一緒に仕事したくないですね。

　ほかに、**それぞれのキャラクターはまったく別々の存在であるということは、常に意識しています。**価値観、思考法、目的意識、そういったモノが違う存在であるということ。ときどきはお話の都合上、便利キャラや狂言回しキャラを作らねばならないときもありますが、そういうキャラも、シナリオ

の都合だけでは動かない、動かさないようにしてます。

　私の場合、そういう、私が感情や思考法をシミュレートできないキャラを作っちゃうと、そのキャラが出てくるところで筆がピタッと止まってしまって。原稿遅れの最大の原因になりますので、プロット段階で出さないようにしています。

Game Creator's Interview ❻

HIRO

大学時代から二次創作のアダルトノベルを書いていて、卒業後は会社に勤めながら……

◎PROFILE

◎ヒロ。ゲームのディレクター・企画・シナリオライター。元アリスソフト開発本部長。代表作は『超昂』『夜が来る！』『ぱすてるチャイム』シリーズなど。現在は、ソーシャルエロゲ『超昂大戦』をリリース準備中。一般移植作品として、5pb から『ぱすてるチャイム Continue』が発売されている。

❶ 企画を考えるときは、どういう手順で行いますか？発想法などはありますか？

開始前にスタッフさんの編成が決まっていることは多いので、原画さんに合うネタ、または自分がユーザーさんの立場だった場合、この原画さんなら「どんなキャラ、ネタを見たいか？」をスタートの軸にします。

入社初期に企画した『ぱすてるチャイム』『ダークロウズ』などは、メイン原画さんの絵柄が企画の軸になります。

もちろん企画が先行する場合もありまして、そういったものはヒット作の続編が多いのですが、『大番長』というタイトルは「異能力を持った学生たちの群雄割拠は面白そう」が、企画の軸になってます。

端的ですが、どの企画でも共通して気を付けることは、**フック、風呂敷の広さ、共感度、安心感、意外性、カタルシス**です。

❷ ゲームクリエイターになったのはどうしてですか？過程も教えてください。

大学時代から二次創作のアダルトノベルを書いていて、卒業後は会社に勤めながら、商業誌に別ＰＮで寄稿してました。

会社を退職後、Win95 マシンを購入し『鬼畜王ランス』を遊んだことと、大学の先輩でもあるアリスソフト原画スタッフ・おにぎりくんさんに誘われたこともあり、アリスソフトに作品を送り、企画・シナリオとして採用されました。採用直後に出版社さんから単行本執筆のお話がきましたので、まさ

に運命のわかれ道でした。

❸　シナリオを書かれるうえで気を付けていることはありますか？

文としては、テンポよく読めることと描写の緩急です。

最初に社内でシナリオを書いたとき、かなり小説調に書いたのですが、社内から「重くて読むのが疲れる」という感想を頂いたので、以後**ゲーム主文は会話主体にし、目を止めさせたい部分に絞って描写を置く**ようにしてます。

台詞回しは全部をすっきりさせず、たまに変化を加えて引っ掛けて、キャラにアクセントを付けます。

エロ部分では上記の点に加えて、なるべく男性視点で快感をイメージしやすいことを念頭においてます。

❹　影響を受けた作品（ゲーム、映画、小説、音楽、舞台、TV、ラジオなど）や、好きで模写した作品はありますか？

全部挙げるとキリがないですが、一般ですと、ハヤカワ SF 文庫、朝日ソノラマ、徳間文庫を始めとして、70 ～ 00 年代までの SF 系は一通り読んでいたと思います。

アダルトですと、睦月影郎先生、千草忠夫先生、星野ぴあす先生、雑破業先生の作品に影響を受けました。また、PBM（プレイバイメール）も込みで、『蓬莱学園』の関連作品にはもの凄く影響を受けたと思います。なかでも『蓬莱学園の初恋』は、原稿用紙に 1 冊ぶん書き写しました。

音楽は、映画『ハイランダー 悪魔の戦士』がきっかけでクイーンを。そのほか、筋肉少女帯とプログレッシブロック、ゲーム音楽をよく聞いてました。

アニメはだいたい観てましたが、『パトレイバー』劇場版 1 作目は 20 回以上は繰り返し観ています。

ゲームですと『カオスエンジェルス』『プリンセスメーカー』『幻影都市』

『雫』。自社で恐縮ですが、『闘神都市Ⅱ』『鬼畜王ランス』です。

　また自社ソフトで恐縮ですが、どの作品も終わったあとに余韻が残るのが好きです。全部挙げると、ほんとにキリがないです。

❺ 自分が作ってきたゲームで、キャラクターづくり、ストーリー作りに関して、気を付けたことを教えてください。

　まず頭をカラッポにして「こんなことができたら楽しい、こんな世界なら興味ある」を起点に舞台を設定します。

　キャラについては、モチベーションのためにも、まず**自分が好きになってあげられるキャラを考えること**かなと思います。キャラごとにテーマを分散し、物語のきっかけとなる、主人公に各キャラが関わる部分までのあらすじをまとめます。

　ここまで、いわゆる"引き"になりますので、この時点で誰かに見せて意見をもらいます。ここである程度以上「面白そう」がもらえたら、このまま煮詰めますし、ダメなら捻ります。

　ただ、指摘された点は全部鵜呑みにしないよう気を付けてください。どれだけ流行していても、自分が良いと思えないことを面白く書くことは難しいからです。噛み砕いて自分で消化できるように取り入れることが必要です。

❻ 今だから言える、何か参考に観たほうがより楽しめる作品はありますか？

　見れば関わった作品をより楽しめる……というものは具体的にはないですが、前述した好きな作品の数々は触れていただけましたら、私のストーリーやキャラクターの原体験を感じていただけるかなと思います。

　現在は私がデビューしたときより、ジャンルや発信場所が多様化してますので、いろんな挑戦が試せると思います。ゲーム作りを是非楽しんでください。

Game Creator's Interview ❼

和泉万夜

できるだけ「読む」のではなく「見る」だけ
でわかるテキストを書きたいと思っています。

◎PROFILE
◎イズミバンヤ。ゲームの企画・シナリオライター。
関わったゲームに『MinDeaD BlooD ～支配者の為
の狂死曲～』『EXTRAVAGANZA ～蟲愛でる少女～』
『戦国天使ジブリール』『無限煉姦 ～恥辱にまみ
れし不死姫の輪舞～』『ここから夏のイノセン
ス！』『死に逝く君、館に芽吹く憎悪』『月の彼方
で逢いましょう』『真愛の百合は赤く染まる』など。

❶ 企画を考えるときは、どういう手順で行いますか？ 発想法などはありますか？」

　現在はフリーで活動しておりますので、ご依頼のあったメーカー様のご希
望に沿った企画を立てていくことが多いです。

　そのご希望も様々で、物語の方向性からエッチシーン容まで詳細なものも
あれば、このボリュームに収めて欲しい、こういうエンディングにして欲し
い、エッチシーンは何個欲しい、できるだけ過激なシーンが欲しい、といっ
た部分的な指定のみをいただく場合もあります。

　私のほうでは、担当様と何度かメールなどでやり取りをしつつ、メーカー
様のイメージされている内容を企画書に落とし込んでいきますので、あまり
発想法といったものはありません。

　ただ、比較的自由に企画できる場合にかぎり、私はユーザー様からハード
なエッチを求められることが多いので、そういったものも盛り込んでいける
方向で考えることが多いです。

❷ ゲームクリエイターになったのはどうしてですか？ 過程も教えてください。

　大学の卒業間近、文章を書く仕事をしてみたいと思うようになりました。
　ちょうどその頃、CYC というメーカーがシナリオライターを募集してい
ることを知ったのですが、なんとなく新作の開発が忙しそうだったので、発
売後の 5 月に応募しました。

その後、面接を経てアルバイトとして採用していただき、3カ月程度経った頃に正式なスタッフとして採用していただきました。

❸ シナリオを書かれるうえで気を付けていることはありますか？

お仕事をご依頼いただいたメーカー様が、どういったシナリオ、テキストを求めているか、そのすり合わせをできるだけ丁寧に行うようにしています。

メーカー様によって、セリフの量、地の文の量、どの程度リアリティな表現にするか、どういったエッチシーンが良いのか、などがまったく違ってきますので、求められているテキストとは違ったものにならないように気を付けています。

また、シナリオ納品後は、メーカー様のほうでスクリプトという作業に入るのですが、場合によってはそちらのスケジュールも伺い、できるだけスクリプトがスムーズに進められるようなペースで納品できるように書いていく場合もあります。

ほか、個人的な目標のようなものですが、ゲームのウインドウ内で文章を読むのが疲れるというユーザー様もいらっしゃるようなので、できるだけ「読む」のではなく「見る」だけでわかるテキストを書きたいと思っています。目に映るといいますか、視界に入ればパッと意味がわかる文章が自分にとっての理想です。

❹ 影響を受けた作品（ゲーム、映画、小説、音楽、舞台、TV、ラジオなど）や、好きで模写した作品はありますか？

あまりこれといったものはないといいますか、影響を受ける受けない以前に、ドラマや映画はほぼ観ません。本もほとんど読んでおらず、ラジオは数えるほどしか聞いたことがなく、舞台は観たこともない有様だったりします。

ですので、子供の頃に観たテレビ、読んだ漫画、プレイしたゲームから、

部分的にではありますが影響を受けているのだと思います。

　ただ、メーカー様のほうから、こういった作品のようなものを……という
ご依頼があった場合は、できるだけその作品を見たり読んだりするようにし
ています。

⑤ 自分が作ってきたゲームで、キャラクター作り、ストーリー作りに関して、気を付けたことを教えてください。

　物語が比較的自由に作れる場合は、基本的にエンディングのみを決めます。
**それ以外は特に決めず、なんとなくこういう会話、場面など書きたいもの
を決めて、そこを繋ぐように書いていくことが多いです。**

　そのため、このケースの場合はあまりちゃんとしたプロットもありません。

　あとは、途中で「こうしたほうが面白いかも」とアイデアが出てくる場合
もあるので、そういったものにも対応できるような書き方をするようにして
います（例：『EXTRAVAGANZA ～蟲愛でる少女～』の幼蟲編の少女を、主
人公にするか別人にするか途中まで決めずに書いていた）。

　また、キャラクターの詳細な設定も決めずに書くので、執筆中に「○○が
好き」といった設定ができた場合は、それを忘れないようにメモしておくよ
うにしています。

　結局のところ、最初に決めた通りに最後まで書き切る力がない（プロット
を作ってもいざ書いてみるとキャラクターの行動に違和感があって変えてし
まうなど）ので、途中で面白そうな展開、設定を思い付いたら、極力それを
取り入れることができるような書き方をする癖が付いたのだと思います。

Game Creator's Interview ❽

荒川 工

キャラに敬意を払うことは、受け手に敬意を
払うこととほぼ同義と考えています。

◎PROFILE
◎アラカワタクミ。ライター。シナリオを担
当したゲームに『Lien ～終わら ない君の唄～』
『このはちゃれんじ !』『ぼくらがここにいるふ
しぎ。』『てこいれぷりんせす !～僕が見えない
君のため～』『ココロネ = ペンデュラム !』など。
著書に、ガガガ文庫『ワールズエンド・ガール
フレンド』『やましいゲームの作り方』など。

① **企画を考えるときは、どういう手順で行いますか？**
発想法などはありますか？

仮に自分が外注ライターで、クライアントに企画を提出する側とします。

まず、**現在市場で受け入れられているものと、これまで自分が刺激を受け
た作品群を頭に浮かべ、共通項を探ります**（トレンドに疎いので）。

すると確実になんらかの要素が炙り出されるので、次はそれを手元に引き
寄せる作業に移ります。

自分の武器でそれが表現可能かどうかの確認です。

難しい場合には、ファッションでいうところの差し色的な考え方をします
（泣きは弱いので笑いで補強したのち際立たせる、笑いは弱いので以下略、
萌えは弱いので燃えで以下略、燃えは弱いので萌えで以下略。自分の武器が
ウケそうな要素の対極ならその引き立て役とする）。

そのうえで企画書として成立させた場合に、魅力的かどうか（企画のコア
な部分がクライアントが望むものと市場が求めるものと、その両方にまた
がっているかどうか）を検討します。

最後にキャッチーなフレーバー（同ジャンル内で埋没しないための差異、
フック作り）にひたすら頭を悩ませると、とりあえずかたちになる感じです。

ただ自分が企画をハンドリングできる側だとこの限りではありません。

自分の書きたいもの（常に売れなさそう）を、お金を出す人にいかに気に
入ってもらうか、微に入り細にわたって詐欺師の手法で絡め取ります。エン

ジョイアンドエキサイティング！（そしてまま訪れる悲喜劇）

　どちらにしても「**受け手に楽しんでいただく**」という通奏低音はあるのですが。

② ゲームクリエイターになったのはどうしてですか？
過程も教えてください。

　小学生の頃、「パーソナルコンピュータ」なるものを知り親にしつこくねだったところ、中古の MZ-700 というマシンが実家に降臨しました。

　これを皮切りに雑誌のプログラムを打ち込むなどし、コンピュータゲームの深みにどっぷりと。

　そして、高校で『イース 2』が決定打となり、「もうこれはなんらかの物語を俺たちは紡ぐしかない」と仲間内で盛り上がり、プログラム及び音楽に長けていた友人たちの脇で私はテキスト担当ということに。

　もちろんその後、なにも完成させられず無目的のまま大学進学。4 年後就職せねばならない時期に至り、「パソコンゲームに未練が余りある……」と友人の助力を得て企画書を作成し、各社へ送付。

　コン○イルさんとか T ○ L さんとかエル○さんとかミ○クさんとか十数社に弾かれて、唯一引っかかったのが D 社でありました。

　その後、数社を渡り歩き（特に快進撃もなく）フリーの現在に至ります。

③ シナリオを書かれるうえで気を付けていることはありますか？

　キャラに敬意を払うことです。

　これは個人的には、受け手に敬意を払うこととほぼ同義と考えています。

　作者より魅力的であるべきキャラたちを、作者のちっぽけなスケールだけで計ってはいないかという視点を忘れないよう努めています。

影響を受けた作品（ゲーム、映画、小説、音楽、舞台、TV、ラジオ など）や、好きで模写した作品はありますか？

無数にあり過ぎるため近年の影響源を音楽畑からいくつか（敬称略）。

【山本精一の諸作】

音楽は無論のこと文筆仕事からも多大な影響を受けました。

垣間見える「言いたいことをいかに言わずに表現するか」という佇まいに強く憧れます。

【環ROY『なぎ』】

日本語の可能性にアプローチするため、古語に遡り今をラップする。

普遍的な日常を拾い上げて豊穣にアウトプットできる表現者にはリスペクトしかありません。

【おとぼけビ～バ～『いてこまヒッツ』】

歌詞の意味だけなら演歌以上のストーカー的湿度なのに、ハードコアで京都ネイティブな変拍子に乗せるとスカッとしたテキサスチェーンソーといった趣に。快！

【Baths『Romaplasm』】

聞いてるとポップさの下からカラフルな絶望みたいなものが頭に浮かんできて、「僕の中にそんなのありました？」みたいな不思議と暗くなるより嬉しい気付き、みたいな。

❺ 自分が作ってきたゲームで、書ける範囲でよいので、キャラクター作り、ストーリー作りに関して、気を付けたことを教えてください。

①と③が、だいたいそれに当たります。

❻ 今だから言える、何か参考に観たほうがより楽しめる作品はありますか？

過去作では、わかつきめぐみ『So What?』、永野のりこ『GOD SAVE THE すげこまくん！』、川原泉『笑う大天使』にオマージュを捧げたことがあります（敬称略）。

Game Creator's Interview ❾

新井清志

デザインはすべて演出に帰属する。世界観含めて演出意図の共有が大切。

◎ＰＲＯＦＩＬＥ
◎アライキヨシ。ゲームアートデザイナー。スクウェアエニックス退社後、株式会社レッドハウスを立ち上げ、取りまとめ兼デザイナーとして活動中。関わったゲームに『ファイナルファンタジー 12』『ファイナルファンタジー 3 DS』『ファイナルファンタジー 14』『ブレイブリー』シリーズ、など。

❶ 企画担当者からアーティストに対して、企画やキャラクター、設定、ストーリーなどを、うまく伝える方法を教えてください。

　まず、企画全体の意図や雰囲気を、テキストやキーとなる単語、既存の作品からでも構いませんので、具体的に伝達してもらえるとありがたいです。

　例えば、ハードなアクション映画的なゲームであるとか、寂寥感（せきりょうかん）を伴う静かな作品なのかで、同じオーダーでもデザインする側としては意識するものが変わります。

　企画の仕様の制限も重要なのですが、演出意図もとても大切だと思います。

　ゲーム全体の演出的な部分が共有できるだけで、ずいぶん精度の高いデザインができると考えています。

　個別のオーダーに関しては上記に加えて、具体的なキャラクターやロケーションの参考画像などを添付してもらえると助かります。別作品からの参考画像は、デザインを安易なエピゴーネンにしてしまうという懸念はあるのですが、最初の段階で企画全体のイメージをスタッフ間で共有できてさえいれば、意図に合わせて新しいデザイン、作品にとって有効なアプローチができると思います。

❷ ゲームクリエイターになったのはどうしてですか？過程も教えてください。

　もともと幼少期から小説やアニメ、発売されてからはファミコンなどのコ

ンピュータゲームなど、ストーリーのあるエンターテイメントに夢中になっており、そのため当時から、漠然と将来はそういった物語や世界観を作る仕事に就きたいなと思っていました。

　高校の3年になるあたりで、小説家と絵描きの二択を自分の中で検討し、希望云々はともかく能力的に絵を描くことのほうがスキル的に向いていると判断し、そちらを将来の職業として決めた次第です。

　それに合わせて美術系大学を受験。大学生として活動中に、早々とゲーム会社でのアルバイトをはじめ、大学のほうは中退して業界に本格的に入りました。

　やはり自分がリスペクトする作品や表現方法に、自らの力で少しでも寄与できればと思ったのが、自分の決断の中での意図となります。

❸ キャラクターや世界観、設定を考えて、それらを絵に描かれるうえで気を付けていることはありますか？

　キャラクター単独のピンナップではなく、世界やそこで生活している人々、植物や動物などをその世界を成り立たせる要素として、なるべく豊かに発想するようにしています。そのうえで商品としてのフックが必要な個所は、個別に引き上げるというやり方を自分はします。

　世界観を前提として、そのうえで個別のデザインを上げていくというアプローチです。

❹ 影響を受けた作品（ゲーム、映画、小説、音楽、舞台、TV、ラジオなど）や、好きで模写した作品はありますか？

　影響を受けたものとして、主にゲーム関係を挙げますと、ゲームブックでは『ファイティングファンタジー』シリーズ。テーブルトーク RPG では『ソードワールド RPG』や『クトゥフの叫び声』。コンピュータゲームでは『ウィザードリィ』『ドラゴンクエストⅢ & Ⅴ』『イースⅠ & Ⅱ』『ファイナルファンタジー

Ⅵ』『タクティクスオウガ』『ミスト クーロンズゲート』『パンツァードラグーン』。

　このあたりが業界に入る以前から入ってすぐくらいの時期までに影響を受けた作品です。そのほかのジャンルのものについては、細かく続けていくときりがないので簡易に記載します。

映画……『セブン』『ショーシャンクの空に』、宮崎駿作品、ファーストガンダム、エヴァンゲリオン
漫画…… 藤子Ｆ不二雄、あだち充、紺野キタ、宇仁田ゆみ
小説…… 眉村卓、ロバート・Ａ・ハインライン、恩田陸、桜庭一樹、伊坂幸太郎
舞台…… キャラメルボックス
テレビ… ダウンタウン、東京03 などのお笑い関係

　模写は、中学、高校の頃よくやっていました。
　『ファイブスターストーリーズ』『３×３アイズ』『エメラルドドラゴン』『イースシリーズ』etc。
　なかでも一番多く模写したのは、中学の頃の『ファイティングファンタジー』シリーズでした。

　そのうえで、模写はしていませんが絵を描くことに関して一番影響を受けた作家は、天野喜孝、天野可淡、このお二人です。自分の半分以上はこのお２人で形成されていると思っています。

Game Creator's Interview ❿

渡辺僚一

僕にとって大事なのは場面です！ 企画の最初は「場面から！」。

◉ＰＲＯＦＩＬＥ
◎ワタナベリョウイチ。ゲームの企画・シナリオライター。関わったゲームに『フォセット - Cafe au Le Ciel Bleu -』『ナツメグ』『姫さまっ、お手やわらかに！』『魔界天使ジブリール４』『すきま桜とうその都会』『はるまで、くるる。』『キスベル』『なつくもゆるる』『蒼の彼方のフォーリズム』『あきゆめくくる』『缶詰少女ノ終末世界』など。

**❶ 企画を考えるときは、どういう手順で行いますか？
発想法などはありますか？**

ファック！（気合い）　シット！（気合い）

　こんにちは、シナリオライターの渡辺僚一です。ここでは僕の物凄く個人的な方法を書きます。というかそれしかできません。なぜなら、創作のハウツー本を読んだこともなければ、誰かに学んだこともないからです。自己流以外の方法を知らないので、野生動物を観察するような気分で読んでいただければ、と思います。

　「何か作るぜ」というとき、最初に何を考えるか？

　売れるものを作りたいッ！
　大勢のプレイヤーの心を打つものを作りたいッ！
　最初の段階でそういったことを考えることはないです。そういうとこから作品を作れる人は皮肉じゃなく偉いな、と思います。
　じゃじゃじゃ何を考えるかというと、「この場面を作りたいッ！」というところから始めます。美しい場面、悲しい場面、戦ってる場面、不穏な場面、笑える場面、ファックしてる場面、なんでもいいです。「こいつを書きたい！」「かたちにしたい！」という場面を思い付くことからすべてが始まります。

　思い付かなかったら何もないです！

僕の場合は、思い付くまで「ファックファック」言いながら散歩します。必死に考えます。苦悶散歩です。

マネするのはいいですけど、途中で店に入ることはおススメしません。これは本当にやめたほうがいい！

殺人場面を無我夢中で考えている状態でコンビニに入店して、店員の「いらっしゃいませ！」に反応して、「並んだ奴から順番に殺してやる」と口走ったことがあります。だって殺人のことで頭がいっぱいだったんだから、これはもうどうしようもないですよ。

ほかにも、四つ這いでお尻を高く上げた女の子がいやらしいことされている場面を考えながらコンビニに入店して、「あんっ！」と口走ったこともあります。中年の嬌声を店内に響かせてやりましたよ。

コンビニだったらすぐ逃げられるけど、飲食店だったら逃げ場がないですからね。新宿の牛丼屋で……これは、もう思い出したくもない！

なので、店に入ることはおススメしません。入店するなら妄想を完全にストップしてからにしましょう。死にたくなる思い出を増やしたいなら別ですけども。

で、「作りたいぜ！」という場面を思い付いたとします。

そこからの思考はだいたいこんな感じです。

例えば『蒼の彼方のフォーリズム』では、ヒロインと主人公が言い争いをしている場面が思い浮かびました。

主人公とヒロインが言い争いをする理由はなんだろう？
↓
それは互いの胸をえぐるような言い争いだ。もう感情ぐちゃぐちゃで！
普段は隠していることを勢いに任せて言っているはずだ！
そして、それは互いに好意を抱いているという確信があるからできる言

い争いだ。……ということは、こいつらもうやってんな。
互いの性器を見てるな！　いやらしい！
↓
じゃ、どうしてそういう言い争いをすることになったんだろう？
言い争いをして2人はどうなるんだろう？

という感じで、前後のストーリーがぼんやりと生まれました。

『缶詰少女ノ終末世界』は、女の子がコンビニでサバの缶詰を買っている
場面が思い浮かんだところから始まりました。

女の子がサバ缶を買う理由はなんだ？
サバが好きだから、というつまんねー理由じゃねーはずだ！
↓
世界の終わりを恐れている女の子で、非常食としてサバ缶を集めている、
というのはどうだろう？　面白いんじゃん！
軽く調べてみたら、世界中に終末後も生きるための準備をしている人が
いるってわかったぜ！
↓
ということは、これは世界の終わりを待っている女の子の話なんだな！
世界の終わりと缶詰の話だ！
とりあえず、世界の終わりと缶詰について調べてみよう。
そこから何か生まれるんじゃねーかー、オイッ！

という流れで、企画のぼんやりとした枠組みが生まれました。

場面から考えると、同時にキャラクターと設定とストーリーも生まれるん

ですよ！

　その場面にいるキャラクターは誰？
　その場面を成り立たせる設定は何？
　その場面にいたるストーリーは何？

こういうことが場面を思い付くだけで見えてくるんです。

　また例を出しますけど、キャラクター設定で「強い女の子」と書いてもどう強いのか全然わかんないですよね。企画書でよくあるのが「ツンデレ」とか「ヤンデレ」とかですね。
　「普通の女の子だけど実はヤンデレ」みたいなので終わっているキャラ説明はよくないです。いや、書いた人と読む人の心が通じ合ってるならそれでもいいです。みなまで言うな、と。
　「めんどくせー！」ってときもそれでいいです。
　「どうせ通らねーんだろ！」という気持ちのときもそれでいいです。やってやれ！
　でも、わかってもらいたいときはやっぱり場面で説明すべきなんじゃないかなー、と思います。

　「強い女の子」って書くより「人食いワニを退治したことがある女の子」って書いたほうがイメージがぐわーっと広がりません？
　場面の方が雄弁ですよ。
　そしたら「人食いワニと戦うことがある世界観ってなんだ？」ということも同時に考えることができます。
　密林を冒険してるのか？　それとも動物園の職員？　もしくは地下格闘技場のデモンストレーション？

　ここまできたらストーリーなんかもう絶対にある程度は浮かんでるはずですよ。

　というわけで場面！
　僕にとって大事なのは**場面**です！
　企画の最初は「場面から！」。ファック！（気合い）

❷　**ゲームクリエイターになったのはどうしてですか？**
　　過程も教えてください。

　①に続いて、こういう本を読んでいる方にはファッキン参考にならない話でとても心苦しいのですけど……。「ゲームクリエイターになりたい」と思ったことはないです。だから、なるために努力したこともないです。

　……なので、ちゃんとした人の話を聞くと、本当に申し訳ない気持ちになります。申し訳なさ過ぎて割腹が頭をよぎります。「裏口入学でここにきてしまったな……」という後ろめたさがあります。

　別に悪いことしたわけじゃないけども。

　「仕事にしたい」という気持ちはなかったですけど、「作品を作りたい」という欲望はありました。

　「ノベルゲーを作りたいなぁ」と考えてはいたけど、どうやって作ったらいいのかさっぱりわかりませんでした。だから具体的に何かしようとは思わなかったです。「アイドルとセックスしてーなー」と思うレベルのぼんやりとした気持ちです。

　それが急にかたちになったのは、友人に同人ゲーム『月姫』を教えてもらったときでした。
　『月姫』は、**NScripter** というスクリプトエンジンを使用していて、それを

使えば簡単にノベルゲーを作れる、という話を聞いた瞬間、血が沸騰しましたね！

　急いでダウンロードして、さわってみたら簡単なスクリプトで本当に動くんですよ。強烈にびっくりしました。「なんだよ、おい！　ノベルゲー作れるじゃん！」というショックは強烈でした。

　文字通り人生を変えた衝撃でしたね。

　同人ゲームサークル『JAM工房』さんが、NScripter の初心者向けのページを作っていて、その通りにやったらあっという間に短編ゲームが完成しました（最強番長を前に主人公が土下座するかしないか悩むクソゲー）。

　それを友人たちに見せたら受けがよくて、「おいおいおいおいお、作るか？じゃじゃじゃ、みんなで作ろうぜ、オイ！」という感じで、長編ノベルゲーを同人で作ることになりました。

　それなりに成功して「『ひぐらしのなく頃に』の次にくるのはここのサークルじゃないか？」みたいなことを言われつつ、そういう未来はこなかった、という軽い挫折も味わいましたよ。ファック！

　同人で活動し続けているうちに「商業のシナリオも書きませんか？」というお話をいただいて、そっちにズルズルと……という感じでシナリオライターになりました。

　同人から商業へ、というのは１つの道だとは思います。でも運まかせなところがあるので、あまりおススメはしません。普通にゲーム会社に就職したほうがいいと思います。

　とにかく、NScripter をさわったときの「ノベルゲーって簡単に作れるんだ！」という気持ちがすべての始まりでした。

　もちろん、簡単に作れるわけがないし、本気でやればやるほどスクリプトって超難しい、と理解してからはシナリオだけに集中するようになりました。

　今はもうスクリプトのことは全然わからないです。１行も書けない！

　でも「やれるぜ！」というあのときの勘違いがなかったら、こういう仕事はしてなかっただろうな、と思います。

❸ シナリオを書かれるうえで気を付けていることはありますか？

　僕はゲームのシナリオを書くことが多いです。なので、シナリオに特殊な制約が出てきます。それは**「キャラクターも背景も絵だ」**ということです！

　絵なんですよ。絵！

　絵ということはデザインしてる人がいて、描いている人がいるってことなんですよ。そう思ってアニメとか観ると、いつだって気絶しそうになりますよ。恐いッ！

　僕は**背景の数を少なくすることと、キャラクターを大切に使うことを気に**しています。なぜなら、背景やキャラクターを増やすということは、時間とお金がかかる、ということだからです。

　長編シナリオで、何も考えずに場面転換させたら、背景が 100 枚必要という状態になってしまうかもしれません。

　いや、もうね！

　やってしまったことあるよ、それ！

　最初に作った同人ゲームでは、そんなこと何も考えずにシナリオを書いたから……。結局、背景は写真を加工することでどうにかしましたけど……。

　例えば、学園物でキャラクターの登下校の道がそれぞれ違ったら、もうファッキン大変なことですよ。そういう設定は見直すべきです。

「がっははは、背景ならいくらでも自社で描くわい！」という会社も超稀にありますけど、それでも 100 枚は……どうなんだろう？

さすがに引かれると思います。

僕はできることなら、25 枚以内ですませたいと考えています。増えても30 枚。

そのためにはどうすればいいかというと、単純な話なんですけど場面転換しなけりゃいいんですよ。なので、**「場面転換はなるべくしない」「主人公の行動範囲を広げない」**ということを常に気にします。

そういう制約の中で、「こいついつも同じ場所にいるな」とプレイヤーに思わせないのが腕の見せどころというか、なんというか……暗い快感みたいのがあります。

この「背景枚数で広がりのある話にしてやったぜ！」みたいなことを考えて暗く微笑んだりします。

キャラクターを大切にするというのもまったく同じで、キャラクターデザインから始まって、立ち絵やらなんやらで、1 人キャラを増やすと、これはもうファッキン大変なことに。絵師さんへの負担が激増！

さらに言うならキャラクターを増やすということは、「作品に参加する声優さんを増やす」ということです。スタジオと声優さんのスケジュールのことや、それで発生する金額のことを想像するだけで落ち込みますよ、ファック！

いいですか！

「突然、キャラクターを増やす」というのは、シナリオの段階では簡単なことですけど、そこから先が大変なことになりますからね！

……ソシャゲとかだとキャラクターを増やさないと話にならないので、また別なんですけどね。

影響を受けた作品（ゲーム、映画、小説、音楽、舞台、TV、ラジオ など）や、好きで模写した作品はありますか？

こういう仕事を始める前に影響を受けた作品は、田中ロミオ『CROSS † CHANNEL』。夢枕獏『餓狼伝』。秋山瑞人『イリヤの空、UFOの夏』。上遠野浩平『ブギーポップは笑わない』とかです。

模写まではしたことないけど、場面場面であの作家みたいに書こう、と思うことはありました。

日常は秋山瑞人っぽく、バトルは夢枕獏っぽく、怪奇シーンは上遠野浩平っぽく、とか……。そういうことを考えることはありました。いや、今も似たようなこと思うことはあるな。

⑤ 自分が作ってきたゲームで、キャラクター作り、ストーリー作りに 関して、気を付けたことを教えてください。

キャラクターで気を付けていることは、**脇役のキャラを適当に扱わない、**ということですね。

キャラクターの使い捨てはあまり好きじゃありません。もちろん、効果的な使い捨てならいいんですけど。

噛ませ犬として登場してそこで終わったキャラクターだとしてもどこかで復活させてあげたいし、それが無理だとしてもどこかで生活している雰囲気は出したいです。

あと恋愛ゲームだと、個別ルートがそのヒロインばっかり出てくる話になることあるじゃないですか。「……んだよ！ 共通でみんな出てきたのに急に出てこなくなりやがって！ 不自然じゃね？ もっと普通に友達やれよ！」と思うので、ほかのキャラもなるべく出すようにしてます。

ストーリーでは……。ん～。**緩急！ ギャグとシリアス、日常と非日常、**そういうのをどういう割合で入れるのかは気にします。考えてみればそのバ

ランス感覚だけでシナリオを書いているような気もします。

　ギャグシーンの最中に唐突に始まるシリアスとか、非日常に不意に現れる日常とか、そういうのを書いてるとぞくぞくするぜ。

⑥ 今だから言える、何か参考に観たほうがより楽しめる作品はありますか？

　参考というと違うかもしれませんが、気合を入れたいときは、隆慶一郎『鬼麿斬人剣』を読むことがあります。

　目的のわかりやすさ、キャラクターの魅力、設定の面白さ、それが高いレベルで融合していてドキドキします。傑作！

　それなりに昔の作品なのに、ツンデレ女忍者とか出てきて素敵。セックスしながら主人公に刃物を突き刺すレベルのツンデレですよ。刺されてもセックスをやめない主人公も素敵なんですよ。

　「これが作品を作るってことだぞ、小僧ッ！」という隆慶一郎の叫びが聞こえるような素晴らしい作品です。

片岡とも

自分の場合は、左脳でストーリー・構成プロットまで考えて、実際のライティングは……

◎**PROFILE**
◎カタオカトモ。ゲームの企画・シナリオライター。 関わったゲームに、『みずいろ』（ねこねこソフト）、『ナルキッソス』（ステージなな）、『クリスマスティナ』（Nekodey）など。 著書に、MF 文庫 J 『ナルキッソス』がある。

**①　企画を考えるときは、どういう手順で行いますか？
発想法などはありますか？**

　自分は同人（個人サークル）と商業（メーカー）の両方をやっておりますので、今回は「同人ソフト」について書いてみます。

　月並みですが、"**自分が作りたいもの**"を作るのが正解だと思います。

　「ウケる・売れる」を第１目的とするのは商業です。

　いえ、その目的自体が悪いわけじゃないです＞＜

　でも同人の場合に、「ウケる・売れる」を目的にすると、その前段階……つまり完成させることが厳しいと思います。よほど強靭な意志がない限り。

　商業はギャラや契約といった"縛り"で嫌でも完成しますが、同人にはそのような縛りはありません。

　「**本人（リーダー）のモチベを上げる＝本人が作りたいものを作るのが基本であり、もっとも重要じゃないかな？**」と思います。

・作りたいものと作れるもの

　まず最初は、ムチャぶりな企画でも OK です！

　テキストがギガ単位で、絵枚数は 1000 枚、登場キャラは『銀河英雄伝説』くらい。声優さん 100 人とかでも。

　で、そこから「**自分自身でできること**」をピックアップしてみると……そこが最小単位となり、時間さえ掛ければ可能な規模となります。

逆に言うと足らない部分は、誰かに補ってもらう必要があります。

補う方法は、**お金・人脈・信用・熱意**とかいろいろです。

ここで現実的な「**規模**」が見えてくると思いますが……自分が言いたいことは、**最初から規模を考えて企画するのは微妙**って感じです。

まずはムチャぶり MAX で考えるのが、同人の醍醐味だと思います。そのムチャぶりが、あなたの仲間作りへの原動力になる可能性もありますし。

こと同人ソフトにおいては「**人脈**」が最大の武器になると思います。

❷ ゲームクリエイターになったのはどうしてですか？過程も教えてください。

「気付いたらなってた！」が実際のところですが、少し書いてみます＞＜

今のようにネット普及前には、絵を描いても発表の場が少なかったです。なのでヒマつぶしに雑誌の投稿をやっていたら、多くの人から褒められたのがキッカケです。自分にも何か誇れるものがあったんだな……と、すごく励みになりました。当時、『風のリグレット』というゲームがリリースされ、「そのイメージキャラを描いてみないか？」と誘われたのが、勤め人を辞める決定打だったと思います。

それから同人ソフトとして CG 集を描いていましたが、N スクリプターというツールが公開されて、ノベルゲーも作れるようになりました。最初は絵もテキストもすべて 1 人でやっていましたが、めっちゃ大変でした＞＜

なので、絵は知り合いの漫画家にお願いするようになり、自分はライターになりました。その後、TGL から商業化を誘われたので、メーカー「ねこねこソフト」が生まれました。

ぶっちゃけ、同人と大差ないです（汗

良い意味でも悪い意味でも、ユーザーを「お客」と思うことは少ないです。
かつて雑誌に投稿していた頃に見てくれた人と同じように捉えています。
さすがに 20 年もやってると、古い人とはお互い友達感覚かもしれません。

❸ シナリオを書かれるうえで気を付けていることはありますか？

自分の場合は、**左脳でストーリー・構成プロットまで考えて、実際のライ
ティングは右脳しか使ってない**ので、参考になるか微妙ですが……。

気が乗らなければ書かない……が、理想だと思います。

とはいえ、期日や〆切もあり、そうとばかりも言えないときがあります。

今までの経験上、「夏休みの宿題を 8 月 31 日にするのは止めよう！」く
らいしか言えることがないような＞＜

でも計画的な作業ができる人は、クリエイターには稀だとも思います。

ちなみに、右脳派の自分が最終目標としているのは……『閑さや岩にしみ
入る蝉の声』です。

100 万の言葉でも伝えきれない「心情」を、淡々とした「情景文」で表現
できると良いなと。まだまだ道は遠いです……＞＜

**❹ 影響を受けた作品（ゲーム、映画、小説、音楽、舞台、TV、ラジオ
など）や、好きで模写した作品はありますか？**

映画の影響が一番多いと思います。

だいたい、いつも TUTAYA で「見たことがない洋画はない」状態をキープ
しています。

コミックも自分が好きなジャンルはすべて読んでいると思います。

反対に、ゲーム・アニメ・邦画・小説は全然です。

最後にやったゲームは『AIR』で、最後に読んだ小説は自分のです（汗

・模写と方程式について

　ストーリーやテーマと呼べるものを「**芯**」だとすると、設定や構成等は「**装飾**」だと考えています。

　あとは**両者の「組み合わせ」**かなと。

　例えば、新人で来たライターに「お前が書きたいものは何だ？」と問うと、まだ明確なものを持っていない場合が多いです。

　そんな新人に、では「お前が一番好きな作品はナニ？」と次の問いを出します。

　好きな作品はゲームじゃなくても映画でもアニメでも何でも OK です。

　で、その挙げられた作品に対して「どの部分が好きなのか？」「どの部分がイマイチだと思うか？」を考えさせます。

　そして最後に、もしお前がその作品を作るなら「どこをどのように変えるか？」の結論を出させる感じです。

　受け手に「どんなことを伝えたいか？」は作者本人が考えること。

　でもそれを伝える手段には「無限の組み合わせ」があり、そのための良質なサンプル＝模写があることを、気付かせるのが第一歩でした。

⑤ 自分が作ってきたゲームで、キャラクター作り、ストーリー作りに関して、気を付けたことを教えてください。

　作り方は人それぞれだと思いますが、自分の場合は**連載タイプではなく 1 回完結の「読み切り」タイプ**となります。

　まず、「ここがもっとも見せたい 1 シーン」というのが先にあります。

　具体的に目に浮かぶイメージって感じでしょうか？

　だいたいがラストシーンあたりで、些細な会話のやり取り程度も多いです。

　なので、**その１シーンを盛り上げる・イメージ通りに表現する**ために、すべてを「逆算」で用意しています。

　この場合の逆算とは、すべての設定（時代・場所・キャラ）や、構成・伏線も、その１シーンのために作られた感じです。

　例えばそのシーンで、ヒロインがすごく積極的なことをするとします。その場合、ヒロインの性格は、消極的となります。そうしないとそのシーンが「**際立たたない**」からです。

　ピラミッドでいうと最初に頂点があり、そのキャップストーンをより安定させ、より輝かせるために、膨大な土台を建築するイメージでしょうか？

　気を付けることは、この読み切りタイプの場合は、「**最後までプレイしてもらって面白い・何か心に残せるか？**」は当たり前。でも「**その道中を退屈させずに、最後までプレイしてもらえるようにするのか？**」が難しいと思います。設定・連載タイプの人とは真逆ですね＞＜

　毎回、次への「引き」が必要で、設定と道中の勢いが命の連載型。でも脱線しまくって、ラストがよくワカランものも多いですｗ

　それに対して最初から着地点がブレないけど、道中の勢いが弱い読み切り型。「**どちらが優れているか？**」ではなく、合うプラットを選択するのも重要かなと。

⑥　今だから言える、何か参考に観たほうがより楽しめる作品はありますか？

　特に自分が影響を受けたわけではありませんが、映画は好きな作品が多すぎ＞＜

　『ヴィレッジ』『ゴッドファーザー』『UFO 少年アブドラジャン』『落下の王国 -The Fall』がお気に入りです！

Game Creator's Interview ⓬

齋藤幹雄

「アハ！体験」が起こるとメモに記録しておく
ようにしています。

◎PROFILE
◎サイトウ ミキオ。大学卒業後、テーカン／
テクモ、コナミグループのゲーム制作会社に
勤務アーケード、家庭用、PC オンライン、携
帯向けのゲームを制作。今年よりゲームメー
カーを離れ、新しい制度の大学設立に向けて
準備中。

❶ 企画を考えるときは、どういう手順で行いますか？発想法などはありますか？

　まずは、企画を考える前に「世の中にないもの」「人の興味関心を引くトレンド」など、常に社会の動向に向けてアンテナを張り、そのアクションの中で「アハ！体験」が起こるとメモに記録しておくようにしています。

　メモに溜まったたくさんのネタの中からゲームに活用できると考えられるものをセレクトして、企画にまとめていく手順に移行します。

　企画を練る段階で、「実現可能か？」「ゲーム体験としての有効性」などを分析・検討していきます。ある程度、情報として人に伝えられる程度にまとまったところで、ターゲットに近い方々に意見を聞いて狙いの検証し、企画案に磨きをかけていきます。

❷ ゲームクリエイターになったのはどうしてですか？過程も教えてください。

　多くの人がイメージするゲームクリエイターを志してなったわけではなく、ゲームサウンドをクリエイトする仕事を続けるうちに、徐々にゲーム全体をクリエイトする業務に寄っていったという感じです。

　会社組織の中でゲーム制作の活動を行うにおいては、制作の状況で求められる役割は刻々と変化していきます。私の場合は、サウンド制作メンバーとして最初のオリジナル作品に参加したあと、続編を作るときにオリジナル作品メンバーだったことで指名がかかり、サウンドクリエイターからゲームク

リエイターとしての活動に比重を移していった感じです。

❸ シナリオを書かれるうえで気を付けていることはありますか？

　自分の企画では、シナリオ作成をスペシャリストであるシナリオライター
に作業してもらっています。その際に、ゲームの中に登場する**「キャラクター
の人物像」「キャラ同士の相関関係」「特に描きたいエピソード」「ゲーム全
体のストーリーの流れ」**などといった**シナリオ作りに必要な情報**をすべてラ
イターに伝えて情報共有します。

　何度もディスカッションを重ねて、お互いの頭の中に絵描いているストー
リーが一致するまですり合わせます。納品されたシナリオとゲーム企画のイ
メージに乖離がある場合は、さらにシナリオライターが理解・納得するまで
意見交換して校正を繰り返し、仕上げていくように心がけています。

❹ 影響を受けた作品（ゲーム、映画、小説、音楽、舞台、TV、ラジオ など）や、好きで模写した作品はありますか？

　直接、"コレ"とは言えませんが、これまでに経験してきた実体験や接
してきた作品の影響は、何らかのかたちでゲームに反映されています。それ
は、意識的に反映させる場合もありますし、無意識のうちに反映している場
合もあります。

　例えば、あるゲーム企画では、高校時代に偶然出会った１年先輩の女生徒
のイメージをゲームに反映させたりとかは意識的なもの。身近にいて何でも
情報を提供してくれるけれど、図に乗り過ぎると知らぬ間に怒ってふて腐れ
れているキャラの振る舞いは、あとで嫁の若いころと同じだと気付くことも
あったりします。

　映像作品などで影響を受けただろうと考えられるのは、『宇宙戦艦ヤマト』
『宇宙海賊キャプテンハーロック』などの松本零士の作品から庵野秀明『新

世紀エヴァンゲリオン』といったアニメ作品、70〜80年代のアイドルのイメージなどでしょうかね。

⑤ 自分が作ってきたゲームで、キャラクター作り、ストーリー作りに関して、気を付けたことを教えてください。

例えば、プレイヤーに「青春時代の楽しい思い出作り体験をして欲しい」「甘酸っぱい恋愛体験をして欲しい」という企画意図のものでしたら、**人の死などはストーリーから極力排除**するよう意識します。また、ゲーム中でプレイヤーの嗜好に合ったキャラクターと出会うことができるように、**登場キャラクターのバランスが偏らないように**考えます。

一方で、ジャンルがホラーだったら、**人の死への恐怖を前面に押し出す**ようにしますし、場合によってはプレイヤーがもっともヘイトするキャラクターをあえて登場させるようにします。

プレイヤーの要求に的確に応えたり、予想を裏切って興味を惹き付けたりしながらバランスを取るように気を配っています。

⑥ 今だから言える、何か参考に観たほうがより楽しめる作品はありますか？

映画では、黒沢明作品や過去に大ヒットした洋画はオススメできます。

テレビ番組では、70〜90年代に放送されていた戦隊ヒーロー特撮シリーズや時代劇なども観ておくことで、ゲーム中のいろいろなシーンで気付きに出会えるはずです。また、その頃のJ-POPや洋楽のビデオも視聴されるとよりゲームを楽しめるかもしれません。漫画では、本宮ひろ志 / きうちかずひろのツッパリ作品や『あしたのジョー』『スプリンター』なども。

ほかに作品とは言えませんが、時代時代で文化風俗のトレンド。例えば、健康ブームのときの「紅茶キノコ」、ファッションでは「ルーズソックス」「裏刺しゅう入り学ラン」などを知っていると、ニヤリ体験できると思いますよ。

おわりに

　今回、いくつかの選択肢がありましたが、『ゲーム作りの発想法と企画書の作り方』というタイトルとテーマで書いてみようという話になりました。

　このようなテーマの本は、今までにほとんど目にしたことがないなと思いました。

　それにこのテーマは、ゲーム作り以外でも、ほかのエンターテインメントの分野やビジネスに関しても役に立つなと思ったのです。

　そして、特に「ゲーム作りの発想法」というのは、興味深いと思い、何とかして本にまとめたいと考えました。

　著者選びは難航しましたが、素晴らしいゲームクリエイター陣を集められたと自負しています。

　本書はおもに、大和環さん、利波創造さん、長山豊さん、門司さん、佐野一馬さん、鶴田道孝さん、畑大典（Ｑ＆Ａコーナー以外の著者）の７人で、わりと自由に書かせていただきました。

　著者ごとに、ゲーム作りに対する考え方、ものの見方がありました。また、生の企画書のサンプルも掲載することができました。

しかし、本書の制作には、大変、時間がかかってしまいました。

　というように、総合科学出版さん、そして、編集者である伊藤さん、共著者の皆様、「Ｑ＆Ａコーナー」を書いていただいたゲームクリエイターの方々には、大変、お世話になりました。
　この場をお借りして、お礼を言わせていただきます。
　ありがとうございました。

　それから補足ですが、ゲームクリエイター全員が発想法や企画書に頼っているわけではなくて、直感的に制作を行っている人もいます。

　というように、クリエイティブな世界ですので、どの制作方法が正しいというわけではありませんが、本書に書いてあることが、読者の発想のきっかけや一助になれば幸いです。

　また、本書がゲームクリエイターを目指す人（それ以外の人も）の制作の何かしらのヒントになれば嬉しいです。

　それ以外にも本書は、純粋に読み物としても楽しめると思います。
　そして、ときどきいるのですが、「おわりに」から読んでしまう人、是非、

興味を持たれたらどのページからでも構いませんので、読んでいただけます
と幸いです。

　最後に書かせていただきますが、発想とは閃きですが、「新しい発想が欲
しい」と日ごろから考え続けている人にこそ、それは与えられるものだと思
います。

畑 大典

編著：畑 大典（はた・たいてん）

1980年11月9日、鹿児島市生まれ。

関わったゲームは『メイド嗜好』（一部）、『もえスタ』（企画原案）、『魔法学園デュナミスヘブン』（鬼の影の章）、『ワールドチェイン』（ツタンカーメン）、『アトリエオンライン』（アーシャ）、『狼ゲーム』（男子会3）など。

ほか、同人ゲームに『夏に降る雪』（プロデュース、一部シナリオ）、『今夜、ハードボイルドなバーで』（プロデュース、シナリオ）がある。

また、マンガ原作に『キッチュ』（『今夜、バーで』）、児童文学同人誌『鬼ヶ島通信第42号』に「子どもの本を読み直す」エッセイ『ティンカー・ベルかわいい』が掲載される（審査委員は、末吉暁子）。

現在、「シネマトゥデイ」などで、アニメ映画に関する記事を書いたりしている。

編著に『ゲームシナリオを書こう！』『このアニメ映画はおもしろい！』『ゲームシナリオの教科書』『ゲームプランとデザインの教科書』がある。

ゲーム作りの発想法と企画書の作り方

2020年11月19日 第1版 第1刷発行

編著者	畑 大典（はた・たいてん）
カバー・デザイン	島村 佳之
印刷	株式会社文昇堂
製本	根本製本株式会社

発行人 西村貢一

発行所 株式会社 総合科学出版

〒101-0052 東京都千代田区神田小川町 3-2 栄光ビル

TEL 03-3291-6805（代）

URL：https://www.sogokagaku-pub.com/